외식과 배달음식에 지친 당신을 위한 현실 집밥 108

# 하루 5,000원 집밥 만능 레시피북

**겨울딸기 강지현** 지음

메가스터디BOOKS

# 하루 5,000원으로 차리는 밥상, 궁금하세요?

　제가 가장 좋아하는 놀이터는 바로 마트입니다

　마트에 가서 커다란 카트를 밀고 다니며 꽃보다 예쁜 색감으로 진열되어 있는 알록달록 신선한 채소와 과일, 다양한 식재료를 구경하는 건 제게 그 어떤 쇼핑몰 구경보다 큰 즐거움입니다. 필요한 재료가 마침 세일이라도 하고 있으면 행운권 당첨이라도 된 듯 입이 귀에 걸리죠. 제철 식재료를 골라 담다 보면 이걸로 만들 수 있는 요리 생각에 이미 머릿속이 분주합니다. 오며가며 마주치는 이웃들 카트, 계산대에 올라가 있는 남의 집 장거리를 보며 저 집에선 저 재료로 뭘 해 먹을 계획일까 떠올려보는 재미도 쏠쏠하고요.

　물론 저도 '남이 차려주는 밥' 참 반갑습니다. 하지만 어느 정도 나이도 있고 또 한참 자라고 있는 아이가 있다 보니 역시 제철 재료로 깔끔하게 차린 집밥 만큼 좋은 음식은 없다는 걸 몸으로 느끼게 됩니다. 반찬 두어 개 놓고 먹는 아주 소박한 밥상이라 해도 먹고 나서 든든하고 속이 편안한 느낌을 주는 건 아무래도 집밥이더라고요.

　절약의 기본은 집밥이에요

　요즘은 다들 생활이 더 바빠지고 사 먹을 수 있는 방법도 나날이 다양해지다 보니 차리는 수고로움을 생각하면 그냥 한 끼 밖에서 사 먹거나 배달시키는 게 훨씬 싸게 먹힌다고 얘기하는 사람들도 많아요. 하지만 바깥 한 끼 사 먹는 돈이 보통 7,000~10,000원이라고 쳤을 때(그나마 저렴한 음식의 경우셨죠?), 서희 세 식구가 한 번 외식하려면 2~3만 원은 들어요. 어쩌다 한 번은 괜찮겠지만 외식이나 배달음식을 찾는 횟수가 잦아진다면 결코 적은 금액은 아니죠. 일주일에 3~4만 원 정도, 하루 평균 5,000원 정도면 세 식구가 고기와 채소를 곁들여 충분히 건강하게 먹을 수 있거든요. 1~2인 가정이라면 더 적은 금액으로도 충분하고요. 그 방법에 대해 독자 분들과 공유하고 싶다는 생각으로 이번 책을 시작하게 되었습니다.

SNS를 보면 집밥을 해 먹고 싶다는 분들이 많아요. 하지만 가장 큰 고민이 바로 마음먹고 장을 봐와서는 한두 가지 음식만 만들고 나머지 재료는 어떻게 활용해야 할지 몰라 고스란히 버리게 되는 점이더라고요. 그러다 보니 점점 더 장보고 음식하는 과정이 부담스럽게 느껴지고요. 그래서 레시피 소개에 앞서 장을 보는 요령, 그리고 그 재료를 소진하고 보관하는 방법에 대해 자세한 설명을 담았습니다.

### 겨울딸기는 집에서 어떻게 차려 먹는지를 보여 드립니다

아무래도 제가 요리하는 직업을 갖고 있다 보니 저희 집 밥상에는 매일 특별난 반찬과 진수성찬이 오를 거 같다는 생각을 하는 분들도 있는데, 사실 저희 집도 밥, 국을 포함해 식탁 위에 오르는 그릇 개수가 다섯 개 이하일 때가 많아요.

저도 SNS를 운영하고 있는 터라 다른 분들 공간을 보면 멋진 음식과 사진

들이 너무나도 많아 좀 비교되는 것 같은 기분이 들기도 해요. 하지만 제 공간에 오시는 분들은 오히려 제가 진짜 그날 식탁에 올린, 그릇도 집에서 사용하는 것 그대로에 담긴 현실 반찬을 올릴 때 더 뜨거운 반응을 보이시더라고요. 업로드용이 아닌 진짜 집밥을 보는 것 같아 편안하고 더 먹고 싶어진다고요. 그리고 진짜 집에서 해 먹는, 그래서 요리에 서툰 사람도 바로 따라 할 수 있는 음식들을 더 알려달라는 요청들이 많았어요. 이번 요리책은 그 질문들에 답하는 제 진짜 집밥 메뉴판이라고 할 수 있습니다.

보통 요리책 작업에 들어갈 때는 촬영용으로 그릇을 따로 준비하는 경우가 많아요. 하지만 이 책에는 집에서 쓰고 있는 반찬 그릇을 거의 그대로 사용했어요. 예쁘고 멋진 접시에 그럴싸하게 꾸며서 담고 싶은 생각도 있었지만 어찌 보면 그건 제 만족일 뿐, 실제 따라 하려고 하는 독자 입장에서는 오히려 거추장스럽게 느껴질 수도 있겠다 싶더라고요. 실제로 책장을 넘기다 보면 '어, 저 그릇 우리 집에도 있는 거네!' 싶은 것들 종종 발견하실 거예요. ^^


오늘 당장 도전해볼 수 있는 4주 식단과 플러스 요리를 담았습니다

'요알못도 집에서 바로 따라 해볼 수 있는 음식만 담자'는 기획 방향에 맞춰 실제 저희 집 식단을 떠올리며 거의 매달 먹는 음식들로만 골라 총 4주차의 식단을 만들었습니다. 각 주차에는 소고기, 돼지고기, 닭, 해산물 등 메인 단백질을 넣고 거기에 어울리는 채소를 배치해 적은 금액으로도 최대한 풍

성한 메뉴를 즐길 수 있게 구성했어요. 그리고 1년에 한두 번 해 먹을까 말까 하는 갈비찜 같은 어려운 메뉴는 과감히 뺐습니다. 1인 가정이나 소가족에서는 잘 시도하지 않는 장아찌나 어려운 김치류도 다 제외시켰어요. 대신 간단한 재료와 방법으로 10분이면 만들 수 있는 간편 요리를 고루 담고자 노력했습니다. 여기에 알뜰하게 장을 볼 수 있는 팁, SNS 구독자 분들과 쿠킹 클래스 수강생들이 자주 질문했던 집밥 만들기 궁금증을 모아 수업시간에 풀듯 자세히 담아보았어요.

다른 해보다 집밥의 절실함이 느껴졌던 사회적 거리두기의 특별함이 있었던 2020년 봄, 순도 100% 요알못 입장을 대변해 요리책을 기획하고 아침마다 따뜻한 빵과 커피를 내밀며 촬영 현장에서 멀티로 활약하셨던 메가스터디 김민정 팀장님, 함께 작업하며 웃음 촬영까지 담당하신 분위기 메이커 포토 이종수 실장님, 베스트셀러의 좋은 기운 한 번 더 이어가라며 복잡한 시기에도 촬영 장소를 대여해주신 유웰데코 김정희 대표님, 촬영용 요리에도 손맛이 들어가야 독자들이 알아줄 거라며 정성껏 함께 요리를 만들어주신 어시스턴트 선생님들, 그리고 다시 한 번 제 요리 이야기에 관심을 갖고 책을 펼쳐 이 글을 읽어주시는 독자 여러분께 깊은 감사의 마음 전합니다.

겨울딸기 강지현

# CONTENTS

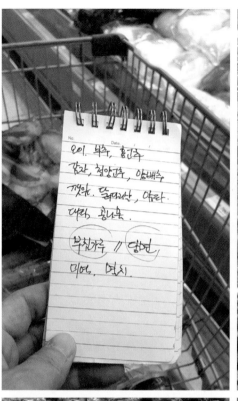

# 낭비 없이 필요한 것만 구입하는
# 장보기 노하우

## 장보기 전 쇼핑 리스트는 평소에 적어둡니다

효율적 장보기를 위해 저는 쇼핑 리스트를 꼭 적어서 갑니다. 리스트에 적은 것은 꼭 필요한 품목이라 깜박 빠트리면 그만큼 또 시간을 낭비하게 되고 일주일 집밥 계획도 흐트러지니까요. 쇼핑 리스트는 장보러 가기 직전에 적기보다는 평소에 냉장고에 A4 용지를 한 장 붙여두고 다음번에 마트 가면 사야겠다 싶은 품목을 그때그때 생각날 때 적어두었다가 장보러 갈 때 옮겨 적는 게 효율적입니다. 옮겨 적는 게 번거롭다면 스마트폰으로 메모한 걸 찍어가는 것도 좋아요.

## 세일, 하루 특가에 마음을 뺏기지 말고 알뜰 코너, 마감 시간 찬스를 눈여겨보세요

빨간 'sale' 글씨와 '단 하루 특가'는 언제든 시선을 사로잡는 단어라 장보기 품목에 없어도 필요와 상관없이 사게 되는 경우가 종종 있어요. 담을 때는 알뜰주부가 된 듯 뿌듯하지만 애초 장보기 품목에 없는 재료들이다 보니 사용하지 않는 경우가 많죠. 특히 신선식품일 경우에는 보관 기간도 짧아 오히려 돈을 버리게 되는 경우도 생겨요. 전 그보다는 30~50% 할인 폭이 있는 대형 마트의 알뜰 채소 코너나 마감 세일 찬스를 이용해요. 마감시간 세일 폭이 가장 큰 육류, 생선, 해산물은 다음 날 즉시 식탁에 올리지 않을 거라면 손질해 바로 냉동 보관해야 해요.

## 조금 더 비싸더라도 소포장 제품을 구매하세요

값싼 대량 포장보다는 조금 더 단가가 높더라도 소량 포장을 이용합니다. 예를 들어 대파 한 단은 1,600원이고 1/3단 소포장은 990원, 양배추 1통에 5,000원인데 1/4통에는 1,500원짜리가 있다면 일단은 큰 포장을 사는 것이 단가 비교에선 낫지만 일주일 소비량을 계산해서 비싸더라도 소분된 걸 구입하는 것이 결국에는 더 경제적입니다. 단 냉동 보관이 가능하거나 실온 보관해도 괜찮은 건어물, 가공식품은 세일 찬스와 대량 구입을 선호하기도 해요.

## 일주일간 가족 구성원의 스케줄을 고려하세요

가족 구성원의 일주일 스케줄도 참고해 장보기에 반영하는 것이 필요합니다. 외식이 예정되어 있진 않은지, 온 가족이 식사하는 경우는 몇 번이나 될지 등을 감안해야 해요. 하루 중 가장 신경 써서 차려내는 저녁 밥상과 주중보다 많은 양의 음식을 소비하게 되는 주말 밥상 차리기 횟수를 머릿속에 담아 장보기에 반영하면 식비와 장보는 시간 모두 줄일 수 있습니다.

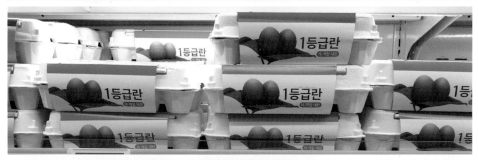

# 시장 볼 때 항상 사는 재료 TOP 5

**두부** 조림, 전골 등 메인 요리로도 손색이 없는 두부는 국, 찌개, 반찬 어디에 들어가도 주재료와 튀지 않게 조화를 이루는 유용한 식재료입니다. 막 나온 손두부를 사는 날은 신김치만 살짝 볶아내면 한 가지 일품요리가 돼요. 부드러운 찌개용 두부보다는 **부침용 두부나 단단한 손두부가 두루 활용도가 높아요.**

**콩나물** 콩나물국을 끓일 계획이 없더라도 마트에 가면 꼭 한두 봉지 담게 되는 재료예요. 무침을 해도 좋고 밥 지을 때 넣고 양념장만 준비하면 바로 콩나물밥을 즐길 수 있어요. 라면, 북엇국, 달걀국 등에 조금만 넣어도 금방 시원한 맛을 내줍니다. 매콤한 양념이 들어가는 찜 요리나 볶음밥에 넣으면 콩나물 특유의 아삭한 식감이 더해지는 것은 물론, 전체적인 염도도 낮아지고 요리 자체도 더 푸짐해져요.

**달걀** 메인 요리뿐만 아니라 달걀프라이부터 볶음밥, 국, 찜, 장조림 등 활용도가 무궁무진해요. 한 가지 꿀팁을 얘기하자면, 달걀을 사면 냉장실에 넣기 전 **3~4개를 삶아둬 보세요.** 출근할 때 간식으로 먹을 수도 있고 샐러드, 비빔국수 등을 만들 때 금세 맛과 모양을 더할 수 있어요. 삶은 달걀이 은근 활용도가 높답니다.

**양파** 국, 찌개, 찜, 볶음밥, 조림, 김치 양념, 샐러드 등 각종 요리에 다양하게 들어가는 재료라 항상 집에 있어야 안심이 되는 식재료입니다. 구입한 빨간 그물망 그대로 베란다에 걸어놓고 보관하면서 한두 개만 껍질을 까서 채소통에 넣어 냉장실에 두고 사용하면 편리합니다.

**대파** 마늘과 같이 향신 채소 대표격으로 약방의 감초처럼 한식 요리에 들어가지 않는 곳이 없죠. 보통 잘라 버리는 흙 묻은 뿌리와 초록잎 끝부분도 잘 씻어 멸치 육수를 끓일 때 넣으면 시원한 맛을 내주는 데 한몫합니다. 물에 닿으면 쉬이 물러지니 **신문지에 싸서 보관하거나** 씻어 **물기를 뺀 후 밀폐용기에 넣어 사용**합니다. 큰 단으로 샀다면 자주 사용하는 크기로 미리 잘라 밀폐용기에 넣어 냉동 보관해두고 쓰는 것도 좋아요.

# 의외로 쓸모 많은 재료 TOP 5

**무**

과자 한 봉지보다 저렴한 1,000원대의 착한 금액으로 살 수 있는 무는 깍두기와 무생채 등 같은 밑반찬을 만들 수 있어 식비 절감에 크게 한몫하는 재료입니다. 커다란 무 한 개를 사면 다 쓰지 못하고 바람이 들어 버리는 경우가 많죠. 저는 무를 사면 바로 용도별로 썰어 냉동, 냉장 보관(35쪽 참조)을 해둡니다. 줄기가 있는 윗부분은 단단하고 단맛이 높아 생채로 무쳐내면 좋고, 뿌리 쪽으로 갈수록 매운맛이 많아서 국이나 멸치육수를 만들 때 넣으면 시원한 맛을 낼 수 있어요.

**양배추**

양배추는 조직이 단단하고 채소치고는 보존 기간이 길기도 하지만 저도 온전한 한 통보다는 가격대가 비싸도 1/2통이나 1/4통 소분한 양을 사는 경우가 많아요. 보존 기간이 길다고 방심하다가 시들어 버리는 경우가 많거든요. 가늘게 채 썰어두면 샐러드도 쉽게 만들어 먹을 수 있고, 적당한 크기로 잘라 전자레인지에 넣어 찐 다음 쌈장이랑 먹어도 맛있어요. 큼직하게 썰어 볶음 요리에 자주 사용하는 재료이기도 합니다.

**국물용 멸치**

전 냉동실에 고기는 없어도 국물용 멸치는 언제나 한 봉지 이상 준비되어 있어요. 무조건 싼 것을 고르기보다는 조금 비싸더라도 좋은 제품을 고를 것을 권합니다. 국물용 멸치는 단순히 국물 낼 때만 쓰는 게 아니라 살만 발라 다양한 밑반찬을 만들 수 있거든요. 멸치육수를 내기 번거로울 때 살만 발려둔 것을 콩나물국이나 된장국에 그대로 넣어 사용해도 괜찮습니다.

**냉동 칵테일 새우**

해산물 중에선 유일하게 떨어지면 꼭 채워놓는 재료예요. 통통한 새우살이 들어간 호박새우볶음은 나물류를 싫어하는 애들도 잘 먹어요. 큼직하게 썰어 볶음밥이나 죽에 넣어도 좋고 갈아서 새우동그랑땡을 만들어도 별미고요. 전 구입할 때 새우 마리수가 많은 작은 새우보다 모양과 식감이 좋은 큰 새우 종류를 고르는 편이에요.

**떡국떡**

면 요리가 당기는데 밀가루가 부담스러울 때 떡국떡만 있으면 멸치육수나 시판 사골국물에 넣어 멸치떡국, 사골떡국을 금방 만들 수 있어요. 또 물기가 있는 찜 요리에 넣으면 수분도 적당히 잡아주고 양념이 배어 별미입니다. 떡잡채, 각종 전골에 넣어도 좋고 떡볶이떡 대신 사용해 떡볶이를 만들 수도 있어요.

# 두고 활용하기 좋은 비치용 가공식품 BEST 5

 사골육수 팩 두세 개만 사두면 시도할 수 있는 요리 폭이 확 넓어져요. 각종 전 골, 떡국, 부대찌개의 베이스로 물 또는 멸치육수와 반씩 섞어 조리하면 빠른 시 간에 그럴싸한 국물 맛을 낼 수 있습니다.

 들깻가루는 한식 요리 어디에 넣어도 잘 어울립니다. 미역국, 감자탕, 순댓 국, 나물무침 등에 넣으면 맛과 영양 두 가지를 다 잡을 수 있어요. 가루류 라 냄새를 잘 흡수하기 때문에 지퍼백이나 밀폐용기에 담아 냉동실에 보관하 는 게 좋아요.

 시판 초고추장이 있으면 만드는 시간이 훨씬 줄어드는 요리가 꽤 있어요. 오징 어숙회나 나물 무침 등을 만들 때 여러 가지 재료를 꺼내 양념을 만드는 수고를 줄여주죠. 시판 초고추장에 레몬즙이나 들깻가루, 고추냉이 등 입맛에 맞게 양 념 한두 가지만 더해주면 나만의 특제 소스도 만들 수 있어요.

당면은 잡채의 주재료이긴 하지만 사실 전 잡채보다 각종 전골, 찌개, 볶음요리 넣어 다양하게 사용하고 있어요. 찬물에 두 시간 정도 불렸다 꺼내 지퍼백이나 밀폐용기에 담아 냉장 보관해두면 이미 불려 있는 상태이기 때문에 번거로운 과 정 없이 바로 넣어 조리가 가능하죠. 냉장실에서 3~4일은 너끈히 보관 가능해요.

평소 멸치육수를 늘 끓여 보관하다 보니 라면보다 소면으로 잔치국수를 끓이는 게 저는 더 편하기도 해요. 양배추와 자투리 채소를 푸짐하게 썰어 비빔국수를 만들어 채소를 맛있게 먹기에도 딱이고요. 맑은 미역국이나 고깃국에도 설렁탕 집에서 나오는 사리처럼 삶아 넣으면 별미입니다. 잘 익은 김치에 설탕과 참기 름 넣고 그냥 비벼 먹기만 해도 꿀맛이에요.

# 딱 이것만 사면 OK, 시판 양념류 BEST 5

가정에서 가장 보편적으로 많이 사용하는 액젓입니다. 김치에 들어가는 메인 재료이기도 하지만 국이나 찌개를 끓일 때 감칠맛을 더해주는 양념으로 사용하기도 합니다. 비린 맛은 상대적으로 까나리액젓이 좀 덜하긴 하지만 대신 멸치액젓은 좀 더 깊고 구수한 맛이 나서 저는 한 가지만 고르라면 멸치액젓을 추천합니다.

굴에 소금을 넣어 발효시킨 중국 요리의 대표 양념 굴소스는 다른 양념 전혀 없이 조금만 넣어도 기본 이상의 맛을 내줘요. 버섯, 가지볶음 등 간단 반찬의 맛을 살리는 데 유용합니다. 찜이나 볶음 요리의 맛이 조금 부족할 때도 마지막에 조금만 넣으면 빠르게 감칠맛을 낼 수 있어요.

음식의 단맛과 윤기를 내는 올리고당은 물엿보다 칼로리와 점성이 낮아 집밥 요리에 많이 사용해요. 꿀처럼 특유의 향이 강하지 않아 요리를 딱히 가리지도 않고요. 하지만 고온에서 오래 가열하면 단맛이 줄어들기 때문에 볶음이나 구이요리에는 물엿이 더 어울린다고 해요. 이 책에서는 편의를 위해 꿀, 조청, 물엿 대신 올리고당으로 일괄 통일해 사용하였습니다.

쌀로 만든 술에 조미료를 첨가한 술로 알코올 도수가 낮으면서 그냥 술인 청주와 달리 요리용 감미료가 첨가되어 있어 단맛이 나요. 소금으로 비유하자면 천일염과 맛소금의 차이랄까요. 고기와 생선의 잡내를 잡아주는 재료입니다.

단맛이 있으면서도 상큼해서 풍부한 신맛을 내고자 할 때 자주 사용합니다. 집에서 담그는 경우가 많은데 요즘은 시판 제품도 많더라고요. 김치 양념을 만들거나 무침 요리를 할 때 넣으면 새콤달콤한 맛을 한번에 해결해줍니다.

# 요리 속도 올리는 치트키 음식 BEST 5

**멸치육수**

내장 제거한 멸치에 다시마, 통후추만 넣고 끓여 만드는 멸치육수는 각종 국물 요리, 반찬에 감칠맛을 더해주는 최고의 천연 국물이요. 통후추를 넣으면 비린 맛도 줄어들고 맛도 더 깊어지니 꼭 넣어보세요. 멸치육수만 냉장고에 쟁여져 있어도 음식하는 시간이 절반은 줄어요. 멸치육수는 실온에 두면 상하기 쉬워 꼭 냉장 또는 냉동 보관합니다. 1회용 위생봉투나 냉동용기에 500mL 정도씩 소분해두면 사용하기 편리해요. 재료를 더 넉넉히 넣어 진하게 끓여뒀다 사용 시 물과 희석해서 쓰는 것도 괜찮아요.

**만드는 법**

1 내장을 뺀 국물용 멸치 1줌(50g)을 넓은 접시에 펼쳐 전자레인지에 담아 약 1분간 돌려준다.(전자레인지에 돌려주면 비린내는 날아가고 구수한 맛은 더 깊어집니다.)

2 냄비에 찬물 2L를 붓고 손질한 멸치, 다시마 4~5조각(사방 10cm 크기), 통후추 1/2t를 넣어 중강 불에서 끓이다 끓기 시작하면 약한 불로 줄여 5분 정도 더 끓인 뒤 불을 끈다.

## 만능 양념장

고춧가루와 간장 베이스가 들어가는 매콤한 요리를 만들 때 편리해요. 어묵볶음, 두부조림 같은 간단한 밑반찬부터 제육볶음, 닭다리살볶음, 순대볶음 같은 요리까지 다양한 메뉴를 만들 수 있어요. 만능 양념장을 이용해 1차 양념을 맞춘 뒤 메인 재료 특성과 개인 식성에 따라 매운맛, 단맛 등만 추가해 요리해보세요. 이런 저런 양념 재료 꺼내 하나씩 넣으며 계속 간 보는 과정을 생략할 수 있어 조리가 훨씬 빨라집니다. 한번 만들어두면 냉장고에서 한 달 이상 보관 가능합니다.

### 만드는 법 ▶

볼에 고추장 3T, 고춧가루 1컵, 간장 1컵, 멸치액젓 2T, 올리고당 2T, 다진 마늘 3T, 다진 양파 3T, 생강술 1T, 설탕 2T, 후춧가루 1/2t를 넣고 잘 섞어준다.

소고기 소보로 & 채소 큐브

**소고기
소보로**

소고기 소보로는 고기가 볶아진 모습이 마치 소보로 쿠키처럼 보여서 붙은 이름이에요. 아이 키우는 집에서 음식할 때 특히 많이 사용하는 방법이지만 일반적인 집밥 차리기에 속도를 낼 때도 크게 한몫하는 실속 만점 보관법입니다. 감자나 가지 등 한 가지 채소만 조리거나 볶기에 밋밋할 때 넣으면 음식 풍미가 확 살아납니다. 또 달걀말이, 볶음밥, 죽, 비빔밥, 카레, 짜장 등 고기가 들어가야 맛이 나는 요리에 사용하면 간단하게 음식에 고기 맛을 더할 수 있어요. 고기를 볶은 뒤 이유식 재료 보관용으로 많이 쓰는 큼지막한 얼음 틀(1칸=50mL)에 담아 얼렸다가 사각 모양이 잡히면 밀폐용기에 옮겨 냉동 보관하세요. 냄새 배임 없이 신선하게 보관할 수 있습니다.

**만드는 법**

**1** 갈은 소고기 200g에 맛술 1T, 소금, 후추 한 꼬집을 넣어 밑간한다. (갈은 고기를 밑간할 때는 치대지 말고 고기 위에 재료를 흩뿌려 가볍게 섞는 정도로만 해야 볶는 과정에서 덜 엉겨 붙어 조리, 보관하기가 편해요.)

**2** 팬을 달궈 기름을 소량 두르고 **1**의 고기가 뭉치지 않게 중약 불에서 재빨리 수분을 날리며 볶아준다.

**3** 바트에 키친타월을 깔고 펼쳐 한김 식힌 뒤 얼음 틀에 담아 얼린다. (키친타월이 기름기를 흡수해 담백한 상태로 얼릴 수 있어요.)

# 채소 큐브

냉장실 자투리 채소칸에 담긴 잡다한 채소를 다 소비할 수 없을 것 같으면 몽땅 모아 다져서 살짝 볶아 보관해보세요. 사용 빈도가 생각보다 높아 금방 금방 쓰게 되는 알짜 식재료입니다. 이유식, 짜장이나 카레, 식사대용 영양죽 만들 때 재료를 다듬고 썰 필요가 없어져 요리 시간이 엄청 줄어들어요.

### 만드는 법 ▶

1 적당량의 채소(당근, 감자, 양파, 호박, 쪽파, 팽이버섯, 양배추 등)는 잘게 썰어 준비한다.(차퍼를 이용하거나 채칼을 이용하면 편리해요.)
2 달군 팬에 식용유를 소량만 두르고 채소가 숨이 죽을 정도로만 살짝 볶아준 뒤 식혔다가 얼음 틀에 담아 얼린다.

생강술 & 생강즙

**생강술**

생선이나 고기 요리에 생강을 넣으면 잡내가 없어져서 좋은 건 알지만 집에 생강을 비치해두는 경우는 좀처럼 없죠. 소량만 구매하기도 애매하고 또 한 번씩 사도 그대로 냉장고에 방치했다가 말라 비틀어져 버리는 경우가 허다하고요. 이럴 때 생강술을 만들어 보관해보세요. 생강을 갈아서 넣고 윗면의 맑은 생강술만 따라 사용하는 경우도 있는데 슬라이스로 썰어 넣으면 버리는 것 없이 알뜰하게 사용할 수 있어요.

**만드는 법**

1 생강은 3조각 정도 준비한 뒤 껍질을 벗겨내고 편으로 썬다.

2 병에 손질한 생강을 담고 청주를 생강이 충분히 잠길 만큼(1컵 정도) 부은 다음 하루 이상 숙성시켰다 사용한다.(편생강은 육류를 데쳐낼 때나 생선 요리를 할 때 생강술과 같이 넣으면 잡내를 잡아줍니다.)

**생강즙**

생강즙은 그때그때 껍질을 벗겨 즙을 내는 건 너무 번거로워요. 강판에 갈거나 휴롬 같은 착즙기에 내려 맑은 즙만 냉동 보관해두면 고기 요리는 물론 각종 김치, 나물 등을 만들 때 필요한 만큼만 사용할 수 있어요. 생강즙은 요리에 워낙 조금씩 들어가죠. 얼음 틀에 1T 분량(1칸=15mL)씩 얼린 것을 꺼내 토막 내어 사용해도 되고 아예 처음부터 양을 1t 분량으로 맞춰 얼려 사용하는 것도 방법이에요.

**만드는 법**

1 생강은 씻어 칼등이나 숟가락을 이용해 껍질을 벗겨낸다.

2 강판이나 착즙기를 이용해 즙을 낸 뒤 작은 크기의 얼음 틀에 넣어 냉동 보관해서 사용한다.

## 찹쌀밥

전 일주일에 한 번 정도는 찹쌀 두세 컵 분량으로 찹쌀밥을 꼭 만들어둡니다. 배 속 불편할 때 가볍게 먹을 죽을 만들 때도 유용하고, 갈아서 김치용 찹쌀풀로도 활용할 수 있어요. 이때 찹쌀밥은 약간 고두밥 상태가 되어도 괜찮습니다. 완성된 찹쌀밥은 1인분(150g)씩 냉동 전용 용기에 넣거나 랩으로 감싸 냉동실에 보관합니다. 밥은 냄새 흡수율이 높으므로 랩핑을 한 뒤 꼭 투명 밀폐용기에 넣어 보관하기를 권합니다. 냄새 배임도 방지되고 냉동실 정리도 깔끔하게 할 수 있습니다.

### 만드는 법 ▶

1 찹쌀 1+1/2컵과 멥쌀 1/2컵은 씻어 30여 분 물에 불려 체에 밭쳐 물기를 뺀다.(찹쌀 100%보다 멥쌀을 조금 섞으면 찰기가 적당해요.)

2 냄비에 1의 쌀을 넣고 쌀(찹쌀, 멥쌀) 불리기전 양과 동일하게 물(2컵)을 붓고 중강 불에서 5분, 약한 불로 줄여 15분 정도 끓여 완성한다.(밥을 지을 때 가스레인지 불꽃이 냄비 바닥 범위를 넘으면 냄비의 옆면만 타고 열이 제대로 전달되지 않으니 꼭 냄비 바닥 안쪽에 들어오도록 불꽃을 조절하도록 하세요.)

# 식비 DOWN & 스피드 UP 집밥 차리기 꿀팁

## 주말 하루는 의무적 냉장고 털기!

주말 하루쯤은 의무적으로 '냉장고 재고 조사' 시간을 가지세요. 냉장실부터 냉동실 구석까지 샅샅이 살펴보는 거예요. 재료들 위치를 다 새로 잡는다는 생각으로 냉장고를 뒤집어야만 같은 식재료를 반복 구입하는 실수를 하지 않습니다. 냉장고 문 열림 경고 소리가 날 정도로 시간을 들여 찬찬히 체크합니다. 문 열림으로 인한 추가 전기세보다 식재료 낭비를 줄여 얻는 이익이 훨씬 더 크다는 것을 알게 될 거예요. 식재료 체크는 습관이 되면 점점 시간이 줄어들고 요령도 붙습니다.

## 밑반찬을 한꺼번에 많이 하지 마세요

반찬류를 만들 때는 식사 인원이나 횟수를 감안하여 조금씩 만드는 습관을 들이세요. 힘들게 시간과 정성을 들여 만드는 거니 가득 채워두고 오래 먹으면 편하겠지만 너무 많이 만들면 바닥까지 비우며 먹는 경우는 사실 드물죠. 그렇게 남은 음식을 버리다 보면 집에서 음식을 하는 게 더 싫어지기도 하고요. 집에서 하는 반찬은 아무래도 바깥 음식처럼 염도가 세지 않으니 장조림 같은 간장물에 끓이는 음식도 너무 믿고 오래 먹지는 마세요.

## '~첩 밥상'의 고정관념을 버리세요

반찬 몇 가지는 깔려 있어야 집밥답다는 생각은 버려도 좋습니다. 전 바쁜 아침에는 밥 말아 먹을 국에 김치 하나만 차리기도 하고, 아예 더 부드럽게 먹을 수 있는 죽을 후다닥 끓여도 내기도 합니다.(이 책에 만드는 법이 다 나와 있어요.) 채소 반찬을 여러 개 만드는 대신 다양한 자투리 채소를 넣은 채소밥을 짓기도 하고, 된장국에 채소를 듬뿍 넣어 남은 채소를 알뜰하게 해치우기도 합니다.

## 냉동 국, 멸치육수, 양념장을 십분 활용하세요

가족 구성원이 한자리에 모여 식사하는 경우가 줄어들다보니 1~2인분 밥상을 차리는 경우가 많아요. 특히 혼자 먹을 때면 요리하는 게 더 귀찮게 느껴져 대충 떼우려고 하는 경향이 있죠. 하지만 책에 소개된 냉동 국, 멸치육수, 양념장 등을 이용하면 크게 힘들이지 않고 식비도 아끼면서 맛있고 건강한 1인분 집밥을 차릴 수 있어요.

# SNS에 자주 올라오는 집밥 질문들

## 장보기

**Q** 겨울딸기님은 장을 한 곳에서 몰아서 보시나요, 아님 나눠서 여기저기서 보시나요? 그리고 일주일 식비는 대략 얼마 정도인지도 궁금합니다.

**A** 보통 대형 마트는 여러모로 편리하긴 하지만 이것저것 담다가 금액이 오버되는 경우가 많아요. 동네 싸게 파는 마트는 제법 장바구니에 담은 것 같은데 금액이 대형 마트의 절반도 안 나오는 경우도 있고요. 동네 마트는 세일 품목도 종종 있는 데다 오며가며 들리기 편해 빠르고 가벼운 장보기가 가능해서 생각날 때 주 2회 정도 가는 편이에요. 또 재래시장은 대량을 살 때는 저렴해서 좋은데 마트에서처럼 저울에 달아 조금씩만 사고 싶을 땐 적당하지 않기도 해요.

각각 더 저렴한 아이템들이 있지만 엄청 대량을 살 것이 아니라면 가격 차이가 좀 있더라도 그냥 한 번에 한 군데에서 장을 보고 다음에는 안 갔던 곳을 가는 식으로 장을 봐요. 조금 아끼려고 장볼 때마다 여기저기 옮겨 다니면 길에 버려지는 시간이 너무 아깝거든요. 요리 수업을 위해 장을 보는 경우를 제외하면 저희 집 세 식구 기준 식재료 구입비(쌀 제외)는 일주일에 평균 3~4만 원선, 많아도 5만 원을 넘어가지 않아요.

**Q** 요즘 같은 시기에는 외식하러 나가기도 쉽지 않고 해서 가급적 집에서 해 먹어야겠다는 생각은 드는데 매일 밥상 차리는 게 큰 부담이에요. 솜씨도 없고 뭘 해 먹어야 할지 고르는 것부터가 너무 어렵습니다. 특히 자라는 아이 생각하면 식단에 신경을 써주고 싶은데 어떤 메뉴가 좋을까요?

**A** 제 경우에는 무엇을 특별히 잘 차려내기보다는 아이가 한참 성장기이다 보니 육류 (소고기, 돼지고기, 닭고기 등)를 주별로 돌아가며 주 2~3회 밥상에 내리려고 하고 있어요. 이때 채소를 꼭 곁들여 조리하고요. 밥을 지을 때도 쌀에 잡곡을 충분히 불려 넣고, 주중 한두 번은 부재료를 넣어 영양밥을 짓습니다. 달걀 요리도 삶은 달걀, 프라이, 찜, 말이, 조림 등 매주 돌아가며 채소 같은 부재료와 섞어 만들어내면 질리지 않아요. 마른 반찬인 건어물(멸치, 새우, 진미채, 북어)도 주별로 돌아가며 만들려고 노력하고 있습니다. 아이반찬이라 특별히 신경 쓰기보다는 기본 밥상에 제철 재료로 충실해 차려내려고 해요.

**Q** 요리할 때마다 인터넷 검색을 하다 보니 어떨 땐 레시피 없인 요리 못하는 바보가 된 느낌이 들어요. 겨울딸기님은 레시피를 외우시나요, 아님 메모해둔 거 참고하시나요? 레시피 외우는 노하우나 법칙 같은 거 있음 알려주세요.

**A** 사실 전 요리 수업을 하고 요리 블로그를 운영하다보니 레시피를 정리하고 재료 분량을 기록하는 것이지 실제 집에서 반찬을 만들 때는 거의 레시피를 보지 않아요. 물론 김치나 조림, 메인 요리 같은 경우는 레시피를 참조하는 경우도 있지만 번번이 너무 레시피를 신경 쓰면 요리 자체가 스트레스가 되지 않을까요. 보통은 같은 조리법의 반복이라 조금만 요령이 붙으면 굳이 레시피를 보지 않아도 될 거예요. 레시피 노하우라 한다면 간단한 기본 공식을 기억하고 활용하는 걸 들 수 있어요. 육류의 경우 100g에 간장 1T, 설탕 1/2t 정도를 기본 간으로 기억해요. 또 맑은 국은 국간장과 소금, 조림은 일반 양조간장으로 간을 하고, 채소를 볶는 도중 기름이 부족하면 식용유 대신 물을 조금씩 넣어 볶기 등 자주 쓰는 내용은 요리를 하다 보니 머릿속에 자동 입력이 되더라고요. 특히 빨갛게 조려내거나 볶아내는 요리는 책에서 소개한 '만능 양념장'(21쪽 참조)을 기본으로 넣어 간을 맞춘 뒤 모자라는 맛을 추가하는 정도로 과정을 줄여요.

**Q** 겨울딸기님만의 냉장고 냉동고 식자재 확인 노하우 있으면 알려주세요. 저는 냉장고 속 잔뜩 쌓인 유물들 보며 식계부를 적어야 하나 심히 고민 중입니다.

**A** 아무리 정리 잘된 냉장고라 할지라도 너무 빼곡하게 들여 있으면 재고 정리가 늦어지고 냉동실의 보관 능력을 믿다가 버려지는 것들이 많이 나오게 됩니다. 분명 넣을 때는 기억이 선명한데 냉장고 문 닫는 순간 잊어버리기 일쑤죠. 한번 냉장고 정리를 싹 한 뒤 최대한 냉장고를 헐렁하게 채우고 보관물에는 재료나 음식명, 조리일이나 구입일, 유통기한 등을 적은 이름표를 큼직하게 붙이는 습관을 길러보세요. 이름표가 붙어 있으면 자연스럽게 냉장고 속의 재료를 자동 스캔 하게 됩니다.
또 식계부를 적는 것 자체가 하나의 일거리이죠. 그냥 한 주 소량 장봐서 남는 것 없이 열심히 재료를 소비하려고 하다 보면 자동적으로 냉장고가 비게 되면서 훤해지니 한눈에 재고 정리가 되더라고요. 당연히 장보기 비용도 많이 줄어들었습니다.

**Q** 번번히 양배추가 처치곤란이에요. 양배추로는 어떤 요리가 좋을까요? 양배추 찜, 양배추 샐러드 외에 할 수 있는 요리 좀 알려주세요.

**A** 큼직한 양배추 하나 장바구니에 담으면 뭔가 요리가 많이 나올 것 같고 샐러드로만 먹어도 금방 해치울 거 같은데 의외로 냉장고에 들어가면 오래 굴러다니다 버리게 되는 경우가 많아요. 비싸더라도 한 통보다는 1/2통 또는 1/4통을 일주일 단위로 구입하고, 샐러드용은 따로 채 썰어 담아두고, 나머지는 꼭 자투리 채소통에 넣어 음식할 때마다 눈에 띄도록 만들어두세요. 눈에 보이고 쉽게 손이 갈 수 있게 만들어 둬야 자꾸 사용하게 되거든요. 어묵이나 고기 볶음을 할 때 넣으면 특히 좋습니다. 그래도 남으면 다른 채소와 송송 다져 쓰임이 많은 채소 큐브를 만들어 소진해보세요.(23쪽 참조)

**Q** 브로콜리가 몸에 좋은 건 아는데 맛있게 먹는 요리법을 모르겠어요. 아이도 맛있게 먹을 수 있는 브로콜리 요리 알려주시면 좋겠습니다.

**A** 브로콜리는 한 송이 사오면 반 정도 데쳐 한두 번 초고추장에 찍어먹고 그 뒤로 남아서 버리는 경우가 많더라고요. 이럴 때는 데친 브로콜리를 자투리 채소와 같이 네모나게 썰거나 송송 다져 볶음밥을 잘 만듭니다. 또 고기를 구울 때 두세 조각만 곁들여 가니쉬를 하거나 샐러드에 다져 넣어도 좋아요. 초록 색감의 브로콜리는 메인 요리도 좋지만 다양한 요리에 곁들이는 재료로 활용도가 좋으니 자투리 채소통에 담아 두었다가 잊지 말고 꺼내서 사용하다 보면 끝까지 먹을 수 있어요.

# 레시피에 자주 등장하는
# 헷갈리는 요리 용어

**Q** '밑간하다'와 '재우다'의 차이점이 뭔가요?

**A** '밑간하다'는 조리 직전 소금, 간장, 맛술, 후추 등으로 최소한의 염도나 풍미를 더하는 과정입니다. 따로 시간 경과 없이 바로 조리에 사용해도 됩니다. 반면 '재우다'는 재료에 양념이나 간이 푹 스며들도록 보통 30분 이상 시간 경과를 두는 과정입니다.

**Q** 채소 데칠 때 물의 양과 시간이 궁금해요.

**A** 참나물이나 쑥갓 등 여린 나물은 끓는 물에 넣어 젓가락으로 휘휘 저어 30초 정도 숨이 죽는 정도면 적당해요. 꺼내면 얼른 찬물에 헹구어줍니다. 데칠 때 물 양은 재료가 푹 잠길 정도로 넉넉해야 해요. 냄비 크기 때문에 물이 적으면 한꺼번에 욱여넣지 말고 두 번에 나눠 데치세요. 물을 잔뜩 끓여야 하는 게 번거로운 건 저도 마찬가지이지만 나물을 데치는 날은 뜨거운 물로 씽크대 배수구 소독하는 날이라 생각합니다.

**Q** 반찬할 때 소금은 어떤 걸 넣어야 하는지 잘 모르겠어요.

**A** 이 책에 나오는 소금은 전부 요리용 중간 입자인 꽃소금을 이용했어요. 같은 양의 소금 양이라 할지라도 가는 입자의 구운 소금이나 맛소금을 이용하면 입자가 작다 보니 염도가 꽃소금보다 훨씬 강하니 주의하세요.

**Q** '조금'이라는 양이 대체 어느 정도인지 궁금해요.

**A** 계량스푼 1t, 1/2t, 1/3t까지는 표시가 되는데 엄지와 검지로 한두 번 집어 넣는 양은 용량을 적기가 애매해서 '조금'이라 표현을 했습니다.

**Q** '한김 식힌다'는 어느 정도로 식힌다는 건가요?

**A** 절임류, 피클 같은 음식을 만들 때 간장물이나 소금물을 한번 끓여서 붓는 경우 끓는 상태의 액체를 바로 재료에 넣으면 채소가 확 익어버릴 수가 있어 한김 식혔다 넣으라는 표현을 많이 쓰죠. 불을 끈 상태에서 1~2분 정도 두어 끓던 열기를 약간 빼는 정도의 시간으로 해석하면 됩니다.

**Q** 요리할 때 불 조절이 어려워요. 레시피에 나오는 중강 불, 중약 불이 어느 정도 불꽃인지 궁금해요.

**A** 중강 불은 중간 불과 가장 센 불의 가운데쯤이며 중약 불은 중간 불과 약한 불의 가운데로 생각하심 됩니다. 물을 끓이거나 하는 경우가 아닌 음식을 할 때에는 최고 화력인 센 불 대신 중강 불 정도를 주로 사용합니다. 한번 끓어오른 다음에는 중약 불로 줄여 마저 익히거나 마무리를 하는 경우가 많아요.

**Q** 깨소금과 통깨는 같은 것 아닌가요?

**A** 통깨를 빻은 것을 보통 깨소금이라고 하죠. 빻은 깨에 실제 소금을 약간 넣어 만드는 경우도 있고요. 입자가 보이는 그대로 넣을 때에는 사실 맛보다는 고명으로 맛깔스럽게 보이는 용도로 사용하는 경우가 많아요. 깨소금을 사용하면 고소한 맛은 더 강하지만 고명으로 올리기에는 약간 정갈하지 못합니다.

**Q** 밥을 지을 때 '뜸을 들이는 것'은 어떤 상태를 말하는 건가요?

**A** 냄비를 이용해 밥을 지을 때 불을 끄고 마지막에 쌀알이 고루 섞이도록 한번 저은 뒤 뚜껑을 닫아 1~2분 정도 가만히 두는 것을 말합니다. 한번 뚜껑을 열어 저었기 때문에 그 사이 수분이 날아가면서 밥알이 서로 떡지지 않고 밥알이 살아 있게 만들어주는 과정입니다.

**Q** 통후추와 후춧가루의 쓰임이 많이 다른가요?

**A** 요리에 톡톡 털어 넣는 방식의 편리한 후춧가루 대신 즉석에서 통후추를 그라인더에 갈아 요리에 넣으면 후추의 풍미가 더 좋아요. 통후추는 육수를 내거나 고기를 삶을 때 넣으면 가루로 국물이 지저분해지는 일 없이 깔끔하게 잡내를 잡을 수 있어요. 건져내기도 편리하고요. 탈부착 가능한 그라인더가 부착된 통후추 한 통만 구입하면 굳이 두 가지를 따로 구비하지 않아도 상황에 따라 두 가지 모두 사용할 수 있어 편리해요.

**Q** 다진마늘, 간마늘, 으깬마늘은 서로 같은 말 아닌가요?

**A** 다진마늘은 절구를 이용해 빻은 상태, 간마늘은 차퍼나 커트기, 믹서 등 칼날로 분쇄한 것, 으깬마늘은 칼등을 이용해 누른 것으로 해석해요. 예를 들어 샐러드에는 칼날을 이용해 입자가 균일하고 얇게 컷팅된 마늘이 들어가면 모양이 더 좋고, 맑은 국물에는 칼등으로 한번 눌러 으깬 상태로 넣게 되면 마늘 향은 충분히 나면서도 국물이 지저분해지지 않아 좋아요.

# 냉동실 활용 재료 보관법

## 육류

육류는 딱 한끼 먹을 양만 구입하는 경우는 드물어서 꼭 냉장고로 가게 되죠. 냉장실에 그냥 뒀다가 유통기한이 임박해 그때서야 냉동실로 보내면 신선도가 떨어져서 좋지 않아요. 바로 먹을 것이 아니면 꼭 미리 소분해 냉동 보관하세요. 보관 시 1회분씩 고기별로 소분해 위생봉투에 넣어 납작하게 눌러 묶어서 보관합니다. 이때 꼭 고기 이름 및 부위, 보관 날짜를 기입해서 붙여주세요. 넣을 당시에는 기억해도 일단 냉동실에서 꽝꽝 얼어버리면 뭐가 뭔지 어떤 부위인지 빨리 식별이 되지 않더라고요. 또 덩어리지지 않게 납작하게 눌러 형태를 잡아야 해동도 빨리 되고 냉동실 공간도 덜 차지합니다. 봉투 내부에 성에가 덜 생겨 고기 표면이 마르는 것도 막을 수 있어요.

## 오징어

대표적인 해산물류인 오징어는 냉동실 들어가기 전 내장을 손질해서 1회용 위생봉투나 지퍼백에 물과 함께 넣어 공기를 최대한 빼서 납작하게 보관하세요. 내부에 성에가 끼어 재료가 마르는 것을 막아줍니다.

## 무

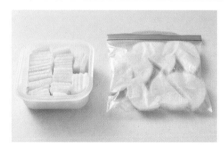

무가 어중간하게 남았다면 가장 많이 사용하는 모양인 납작 썰기를 해서 냉동 보관해두면 된장국, 북엇국, 소고기맑은국 등 국을 끓일 때 유용하게 사용됩니다. 생선조림을 자주 해 먹는 가정이라면 반달 모양으로 더 도톰하게 썰어 냉동 보관하는 것도 좋아요. 생채무침이나 나물로는 사용할 수 없지만 익혀서 먹는 국, 찌개, 조림에는 별도의 해동 없이 그대로 넣어 조리할 수 있어 매우 편리해요. 얼었다 녹은 무에는 양념도 더 빨리 배입니다.
밀폐용기나 지퍼백에 담을 때 무 사이에 간격을 조금씩 두고 얼려보세요. 달라붙지 않아 필요 양만큼 꺼내 사용하기 편리해요.

## 다진 마늘

무척이나 쓰임이 많은 다진 마늘은 한 팩 구입하면 채소칸에 조금만 남겨두고 나머지는 바로 냉동 보관합니다. 이때 얼음틀에 넣어 보관하면 조금씩 꺼내 사용하기 편리해요. 지퍼백에 담아 자르기 좋게 칼집을 내어 보관하는 것도 방법입니다.

## 대파, 쪽파

대파나 쪽파 한 단 사면 양이 꽤 많아서 다 못쓰고 물러져서 버리는 경우가 잦아요. 일주일 정도 사용분만 남겨두고 구입한 즉시 손질해 냉동 보관합니다. 씻어 물기를 닦은 뒤 가장 많이 사용하는 크기로 썰어 냉동 보관하세요.

사용 시 냉동실에서 꺼내 쓸 만큼만 덜어 사용하고 즉시 냉동실에 다시 넣어야 합니다. 특히 쪽파의 경우 조직이 연해 실온에 두면 금방 해동되어 축 쳐져 녹아 냉동실에 다시 들어가면 덩어리로 엉겨 붙어버려요.

## 얼갈이배춧국 & 미역국

저는 얼갈이된장국, 미역국을 항상 몇 개씩 냉동실에 넣어둡니다. 얼갈이된장국을 다시 끓일 때 두부 정도만 넣고 파만 띄워내면 감쪽같이 막 만든 듯한 국이 됩니다. 이 외에 북엇국, 배춧국, 맑은 소고기뭇국도 얼렸다가 먹기 괜찮은 국 종류입니다. 1인분씩 밀폐용기나 지퍼백, 위생봉투에 담아 냉동 보관해두면 국이 당길 때 금방 꺼내 먹을 수 있어 좋아요.

위생봉투에 담아 플라스틱 용기에 보관할 때는 봉투 사이에 키친타월을 한 장씩 꽂아주세요. 비닐끼리 붙지 않아 꺼낼 때 편리해요. 납작하게 눕혀 얼린 뒤 모양이 잡히면 냉동실 도어 칸이나 작은 바구니에 담아 보관하면 꺼내기도 쉽고 자리도 많이 차지하지 않습니다.

## 데친 채소

데친 나물류 냉동 보관 시에도 위생봉투나 지퍼백에 물을 넣고 채소가 완전히 잠기도록 한 뒤 공기를 빼서 보관하면 겉이 마르지 않게 보관할 수 있어요. 이런 식으로 데친 배추, 얼갈이를 소분해서 얼려두면 멸치육수에 된장만 풀어 삼삼한 채소된장국을 빠르게 끓일 수 있어요.

## 자투리 채소(냉장 보관)

전 식사 준비를 할 때 자투리 채소를 담은 큼직한 박스를 꼭 꺼내요. 사용하고 남는 채소는 족족 이 박스에 같이 담아 보관합니다. 양파, 대파의 껍질을 벗기고 다듬는 수고로움을 없앨 수 있고 여기 저기 비닐봉투에 각각 담아 채소칸에 넣어두고 잊어버려 사용하지 못하고 물러버

리기 일쑤인 다양한 채소들까지 알차게 사용할 수 있어요. 채소에 물기가 닿으면 빨리 물러지기 쉽기 때문에 바닥에 물 빠짐 채망이 있는 용기를 사용하면 더 좋습니다.

요리에 넣기 애매한 자투리 채소가 있다면 멸치육수를 낼 때 같이 넣거나, 잘게 다져 된장을 넣고 볶아 빽빽한 강된장을 만들어도 좋아요.

# 밀폐용기 관리법

요즘에는 보관과 플레이팅을 한번에 할 수 있는 도자기, 유리 재질의 밀폐용기가 워낙 잘 나오죠. 상대적으로 설거지가 쉬운 접시나 그릇보다는 각이 잡혀 있고 재질도 좀 다르고 긴 시간 음식이 담겨 있는 경우가 많아서 한번씩 모아서 소독을 해주는 게 좋아요. 베이킹소다와 식초를 섞은 끓는 물에 먼저 밀폐용기를 삶아 세척하고 그 물을 이용해 주방 개수대 및 후드 등을 닦아주면 그야말로 일석이조입니다.

## 스테인리스, 도자기, 유리 소재

스테인리스 같은 경우 전용 세제가 별도로 나오기도 하지만 저는 가장 보편적인 방법인 끓는 물에 베이킹소다와 식초를 넣어 불려서 세척하는 방법을 애용합니다. 이때 커다란 스테인리스 대야를 이용하면 기타 손잡이가 있는 도구까지 다 들어가 세척하기에 편리합니다. 단, 스테인리스 대야 가장자리 뜨거운 부분을 매우 조심해야 해요.

물 1L에 베이킹소다 1T + 식초 1T을 기본으로 잡아 물이 끓기 시작하면 중약 불로 줄여 밀폐용기나 조리도구가 완전히 잠기게 아래 위로 돌려가며 5~10분 삶은 다음 집게로 꺼내어 미지근한 물에 철수세미로 닦은 뒤 다시 부드러운 행주로 닦아 충분히 헹궈줍니다. 유리, 도자기 제품은 스테인리스보다는 짧은 시간만 담갔다 건져도 묵은 때나 얼룩을 제거할 수 있어요.

플라스틱이나 트라이탄 소재의 용기는 스테인리스, 도자기, 유리 제품을 건져낸 후 불을 끄고 한김 식힌 뒤 그 물에 그대로 1~2분 담갔다 꺼내 세척해주면 충분합니다. 이때 자칫 곰팡이가 끼기 쉬운 고무 패킹 부분도 끝이 뾰족한 도구를 이용해서 분리해서 넣으면 더욱 깔끔하게 삶아낼 수 있어요. 끓는 물에 직접 넣으면 열기에 의해 모양이 틀어질 수 있으니 반드시 끓는 물이 아닌 열기가 살짝 빠진 따뜻한 물에 담갔다 세척하는 것을 권장합니다. 세척 후 뚜껑이 있는 제품은 식기건조기나 채반을 이용해 바짝 말려 고무 패킹을 다시 끼운 후 보관합니다.

**READY 12**

# 이 책에 사용한 계량법

이 책의 레시피는 모두 계량컵과 계량스푼을 사용하여 계량한 재료 분량으로 정리되어 있습니다. 밥숟가락, 종이컵 계량법도 많이들 사용합니다. 저도 그런 방식으로 해보기도 했고요. 그런데 오히려 요리 초보의 경우 계량스푼과 계량컵이 준비되어 있지 않으면 레시피를 참고해서 요리를 하려고 할 때 뭔가 제대로 되는 거 같지 않아 시작부터 의욕이 상실되기도 한다고 하더라고요. 대부분 요리책이나 인터넷 요리 영상에 표준으로 제시하는 분량이 계량컵과 계량스푼으로 되어 있고, 요즘은 손쉽게 저렴한 가격대로 구매도 가능하니 한 개씩 구비해두면 좀 더 편하게 요리를 따라 해볼 수 있을 거예요.

레시피 중 1T 는 15mL, 1t 는 5mL, 1컵은 200mL 입니다.

# CHAPTER 1

# 1주차 식단

# 1주차 장보기

| 상 품 명 | 단 가 | 수 량 | 금 액 |
|---|---|---|---|
| * 양배추(1/2통) | | | |
| 2500000076749 | 2,680 | 1 | 2,680 |
| * 알배추 | | | |
| 2500000055300 | 3,480 | 1 | 3,480 |
| * 데친시래기 | | | |
| 1128950017600 | 1,760 | 1 | 1,760 |
| * 파프리카(2입/봉) | | | |
| 2500000037740 | 1,980 | 1 | 1,980 |
| 롯데에센뿌득리얼치즈 | | | |
| 8801123309863 | 2,480 | 1 | 2,480 |
| * (990)청양고추(봉) | | | |
| 2500000036293 | 990 | 1 | 990 |
| CJ 부산어묵사각300g | | | |
| 8801242049060 | 1,980 | 1 | 1,980 |
| 피코크 도토리묵 350g | | | |
| 8809186381857 | 2,880 | 1 | 2,880 |
| * A)하우스 햇감자 10kg | | | |
| 2314110015002 | 1,500 | 1 | 1,500 |
| * 기농 1+ 등급 10개입 | | | |
| 8809329741654 | 2,980 | 1 | 2,980 |
| * 마니커무항생제닭가슴 | | | |
| 8803006000928 | 4,780 | 1 | 4,780 |
| 20% 에누리 | | | -960 |
| * 진천백오이(5입/봉) | | | |
| 2500000128745 | 2,480 | 1 | 2,480 |
| * 마니커무항생제닭불고 | | | |
| 8803006001048 | 3,980 | 1 | 3,980 |
| 20% 에누리 | | | -800 |
| * 김해대동 부추(봉) | | | |
| 2500000062995 | 1,980 | 1 | 1,980 |
| * (990)깻잎(봉) | | | |
| 1500000085483 | 990 | 1 | 990 |
| * 밀양꽈리고추(봉) | | | |
| 2500000072727 | 1,480 | 1 | 1,480 |
| 총 품목 수량 | | | 16 |
| (*)면 세 물 품 | | | 29,300 |
| 과 세 물 품 | | | 6,673 |
| 부 가 세 | | | 557 |
| 합 계 | | | 36,640 |
| 결 제 대 상 금 액 | | | 36,640 |

이번 주 메인 채소

**양배추**
**알배추**
**시래기**

이번 주 메인 단백질

**닭**

총계:36,640원

# 1주차 요리

**시래기나물**

**닭가슴살오이초무침**

**닭다리살볶음**

**배추겉절이**

**달걀장조림**

**감자 조림**

**비엔나파프리카볶음**

경상도고추장물

부추달걀국

부추땡초전

콥샐러드

매콤어묵볶음

양배추깻잎피클

도토리묵무침

꽈리고추멸치볶음

# 닭다리살볶음

⏱ 조리 시간 **15분** | 🌡 냉장 보관 **3일**

## 재료

| | |
|---|---|
| 닭다리살 | …300g |
| 양배추잎 | …4장 |
| 양파 | …1/4개 |
| 대파 | …1/2개 |
| 깻잎 | …10장 |
| 당근 | …조금 |
| 만능 양념장 | …4~5T |
| 카레가루 | …1t |
| 올리고당 | …1T |
| 통깨 | …조금 |
| 참기름 | …1T |
| 식용유 | …조금 |

**닭고기 밑간**

| | |
|---|---|
| 맛술 | …1T |
| 후춧가루 | …조금 |

## 겨울딸기's Tip

- 채소와 닭고기를 한꺼번에 다 넣는 것보다 시간차를 두어 넣고 볶아주면 팬의 온도가 급격히 내려가지 않아 재료를 더 효율적으로 익힐 수 있습니다.
- 처음부터 양념을 넣고 볶기 시작하면 고기가 익기 전에 양념이 타버릴 수가 있기 때문에 양념은 중간에 넣는 것이 좋습니다.
- 만능 양념장 만드는 법은 21쪽을 참조하세요.

닭다리살은 한입 크기로 잘라 맛술과 후춧가루로 밑간을 하고, 만능 양념장에 카레가루를 섞어둔다.

당근, 양배추, 양파, 깻잎, 대파는 한입 크기로 썰어둔다.

팬을 달궈 기름을 두르고 깻잎을 제외한 채소를 먼저 볶은 뒤 팬 한쪽으로 밀고, **1**의 밑간한 닭다리살을 넣어 겉면이 살짝 익을 정도로 볶다가 양념장을 넣는다.

양념이 고루 배면 깻잎을 마지막으로 넣고 올리고당을 두르고 참기름, 통깨로 마무리한다.

# 닭가슴살오이초무침

⏱ 조리 시간 **10분** | 🌡 냉장 보관 **3일**

### 재료

삭은 닭가슴살 … 1쪽(150g)

오이 … 1개

소금 … 1t

**양념**

고추장 … 2T

고추냉이 … 1t

고춧가루 … 1t

간장 … 1t

설탕 … 1+1/2T

식초 … 1+1/2T

다진 마늘 … 1t

깨소금 … 1T

1

삭은 닭가슴살을 준비하고 오이는 반으로 잘라 0.5cm 두께로 어슷하게 썰어 준비한다.

2

닭가슴살은 결대로 찢고 오이는 소금에 10분 정도 절인 뒤 물기를 꼭 짜서 준비한다.

3

분량의 재료를 섞어 양념을 만들어준다.

4

**2**의 닭가슴살과 오이에 **3**의 양념을 버무려 완성한다.

---

### 겨울딸기's Tip

• 위생봉투에 오이와 소금을 넣고 흔든 다음 공기를 빼고 묶어두면 쉽고 빠르게 절여져요.

• 양념에 참기름을 넣지 않았기 때문에 통깨보다는 깨소금을 넣어야 고소한 맛을 더해집니다.

• 양념 만들기 귀찮으면 시판용 초고추장에 고추냉이를 조금 섞어도 비슷한 맛을 낼 수 있어요. 초고추장이 너무 묽으면 고운 고춧가루를 조금 넣어 농도를 조절할 수 있습니다.

# 감자조림

| ⏱ 조리 시간 **15분** | 🌡 냉장 보관 **3일** |

## 재료

감자 … 1개

다진 쪽파 … 조금

통깨 … 조금

### 양념

국간장 … 2t

들기름 … 1T

고춧가루 … 1t

올리고당 … 2T

물 … 2/3컵

식용유 … 1T

감자는 1cm 두께로 반달썰기를 한 뒤 찬물에 한번 헹구어 전분기를 뺀다.

바닥이 두꺼운 냄비에 **1**의 감자와 양념 재료를 한꺼번에 넣는다.

중강 불로 시작해 뚜껑을 닫고 가열하다 끓기 시작하면 뚜껑을 열고 수분을 날리며 졸인다.

국물이 2~3T 남으면 불을 끄고 쪽파와 통깨를 뿌려 완성한다.

### 겨울딸기's Tip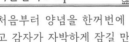

- 처음부터 양념을 한꺼번에 넣고 감자가 자박하게 잠길 만큼의 물을 넣어 조리기 시작하면 중간에 뒤적이지 않아도 됩니다.
- 조리는 반찬은 센 불에서 시작해 끓기 시작하면 중간 불로 불 조절을 꼭 해야 해요.
- 바닥이 얇은 냄비를 사용할 경우 감자가 채 익기 전에 수분이 다 날아갈 우려가 있어요. 가급적 바닥이 도톰한 냄비를 사용하세요.

# 꽈리고추멸치볶음

⏱ 조리 시간 **10분** | 🌡 냉장 보관 **5일**

## 재료

| | |
|---|---|
| 중간 멸치 | 1+1/2컵 |
| 꽈리고추 | 10개 |
| 마늘 | 5알 |
| 식용유 | 1T |
| 들기름 | 1T |
| 통깨 | 조금 |

### 양념

| | |
|---|---|
| 간장 | 1T |
| 생강술 | 1T |
| 올리고당 | 3T |
| 고춧가루 | 1t |

마늘은 얇게 편 썰고, 꽈리고추는 2등분한 뒤 씨를 털어내고 뜨거운 물을 한번 끼얹어준다.

팬을 달궈 식용유와 들기름을 두르고 마늘을 먼저 넣어 향을 낸 다음, 멸치를 넣어 전체적으로 기름이 고루 배게 볶아 덜어둔다.

분량의 재료로 만든 양념을 팬에 넣고 끓어오르면 약한 불로 줄이고 **1**의 꽈리고추를 넣고 양념을 입혀준다.

**2**의 볶아둔 멸치를 넣고 고루 버무린 뒤 통깨를 뿌려 완성한다.

## 겨울딸기's Tip

- 꽈리고추를 바로 졸이는 것보다 뜨거운 물로 살짝 숨을 죽여주면 양념이 금방 배입니다.
- 들기름을 섞으면 훨씬 풍미가 좋아요.
- 염분이 있는 멸치보다 간이 되어 있지 않은 꽈리고추부터 넣고 볶아야 맛이 고루 어우러집니다.
- 과정 **2**에서 멸치를 볶으면서 양념장을 넣으면 팬의 열기 때문에 양념이 멸치에 채 골고루 배기 전에 졸아들 수 있어요.

# 달걀장조림

| 🕐 조리 시간 **15분** | 🌡️ 냉장 보관 **5일** |

## 재료

달걀···6개

### 간장물

간장···3T

국간장···1t

맛술···1T

설탕···1/2T

물···1컵 이내

찬물에 달걀을 넣고 끓기 시작하면 7분 정도 삶은 뒤 껍질을 벗겨 준비한다.

냄비에 분량의 간장물 재료를 모두 넣는다.

냄비에 **1**의 껍질 벗긴 삶은 달걀을 넣는다.

중간 불로 끓이다 간장물이 끓어오르기 시작하면 약한 불로 줄이고 1분 정도 더 끓여 완성한다.

### 겨울딸기's Tip 🗑

- 냉장고에서 바로 꺼낸 차가운 달걀은 삶는 도중 껍질이 터지기 쉬우므로 실온에 30분 정도 두어 냉기를 없앤 후 삶아주세요.
- 달걀이 꽉 찰 정도의 작은 냄비를 사용하면 적은 양의 간장물로 장조림을 할 수 있어요.
- 조리 중에 간장물이 충분히 들지 않아도 보관하면서 달걀에 간장물이 깊이 배어듭니다.
- 먹기 직전 전자레인지에 30초~1분 정도 돌리면 막 한 듯한 따뜻한 장조림을 즐길 수 있습니다.

달걀

# 매콤어묵볶음

⏱ 조리 시간 **10분** | 🌡 냉장 보관 **3일**

### 재료

납작어묵 … 5장(200g)

양파 … 1/4개

청양고추 … 1개

당근 … 조금

만능 양념장 … 1~1+1/2T

올리고당 … 1t

참기름 … 1t

통깨 … 조금

식용유 … 조금

어묵은 한입 크기로 자르고, 양파는 채 썰고, 청양고추는 어슷하게 썬 뒤 씨를 털어 준비한다.

**1**의 어묵은 체에 밭쳐 뜨거운 물을 한번 끼얹어 겉면의 기름기를 제거한다.

팬을 달궈 기름을 두르고 **1**의 채소를 먼저 볶다가 어묵을 넣고 한번 더 볶은 뒤 만능 양념장을 넣는다.

재료와 양념장이 잘 섞이도록 뒤적인 후 올리고당, 참기름, 통깨를 뿌려 완성한다.

### 겨울딸기's Tip

• 당근은 색감을 내기 위해 조금 넣는 것이니 없으면 생략해도 맛에는 별 차이가 없습니다.

• 볶음용 어묵의 기름기 제거는 끓는 물을 가볍게 끼얹는 정도면 충분합니다.

• 어묵 볶는 중간에 기름기가 부족하면 식용유 대신 물을 조금 넣어보세요. 덜 느끼하고 어묵도 더 촉촉하게 볶아져요.

• 만능 양념장 만드는 법은 21쪽을 참조하세요.

# 도토리묵무침

⏱ 조리 시간 **10분** | 🌡 냉장 보관 **3일**

## 재료

도토리묵 … 1팩(350g)

오이 … 1/2개

깻잎 … 10장

양파 … 1/4개

당근 … 조금

**양념장**

간장 … 2T

매실액 … 1T

고춧가루 … 1T

참기름 … 1T

통깨 … 1T

다진 쪽파 … 1T

도토리묵은 1cm 두께로 한입 크기로 썰어 준비한다.

오이, 깻잎, 양파, 당근을 각각 한입 크기로 썬다.

양념장은 분량의 재료를 섞어 미리 만들어둔다.

### 겨울딸기's Tip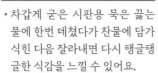

- 차갑게 굳은 시판용 묵은 끓는 물에 한번 데쳤다가 찬물에 담가 식힌 다음 잘라내면 다시 탱글탱글한 식감을 느낄 수 있어요.
- 채 썬 양파는 찬물에 담가 물기를 뺀 뒤 사용하면 매운맛도 빠지고 아삭한 식감도 더 살아납니다.
- 도토리묵은 좀 도톰하게 썰어야 젓가락으로 집을 때 으스러지지 않아요. 물결무늬 칼로 썰면 모양도 살고 집기도 더 편합니다.

**1**의 도토리묵과 **2**의 채소에 **3**의 양념장을 넣고 고루 섞어 완성한다.

# 비엔나파프리카볶음

⏱ 조리 시간 **10분**  🌡 냉장 보관 **3일**

## 재료

비엔나소시지 … 200g

파프리카 … 1개

양파 … 1/2개

데친 브로콜리 … 조금

통깨 … 조금

식용유 … 조금

### 양념

케첩 … 3T

굴소스 … 1t

올리고당 … 1T

소시지는 칼집을 내어 끓는 물에 살짝 데쳐내고, 양파와 파프리카는 한입 크기로 썬다.

팬에 기름을 두르고 **1**의 손질한 채소부터 넣고 볶는다.

**2**의 팬에 **1**의 소시지와 분량의 재료로 만든 양념을 넣는다.

## 겨울딸기's Tip

• 브로콜리는 초록 식감을 주기 위해 넣은 것이니 생략해도 식감이나 맛에는 큰 차이가 없습니다.

• 채소를 볶을 때는 겉면에 오일 코팅하는 느낌으로 살짝만 볶아서 아삭거림을 살려두는 게 더 맛있어요.

양념에 고루 버무린 뒤 통깨를 뿌려 마무리한다.

# 시래기들깨나물

⏱ 조리 시간 **15분** | 🌡 냉장 보관 **3일**

## 재료

| | |
|---|---|
| 삶은 시래기 | 200g |
| 멸치육수 | 1+1/2컵 |
| 들깻가루 | 2~3T |
| 들기름 | 1T |
| 소금 | 조금 |

### 시래기 양념

| | |
|---|---|
| 된장 | 1T |
| 국간장 | 2t |
| 다진 파 | 1T |
| 다진 마늘 | 1t |

삶은 시래기는 껍질을 벗기고 물기를 꼭 짜서 먹기 좋은 크기로 썬다.

**1**의 시래기에 분량의 양념 재료를 넣고 조물조물 양념이 배게끔 무쳐준다.

달군 팬에 들기름을 두르고 **2**의 시래기를 볶다가 분량의 멸치육수를 붓고 중간 불에서 한소끔 끓인다.

### 겨울딸기's Tip

- 삶은 시래기는 마트에서 소량 포장된 시판용 상품을 쉽게 구할 수 있어요.
- 시래기 겉껍질을 벗겨 조리하면 훨씬 부드러운 식감을 즐길 수 있습니다.

들깻가루를 넣고 뒤적인 뒤 불을 끄고 모자라는 간은 소금으로 조절한다.

# 배추겉절이

⏱ 조리 시간 **15분** 　｜　 🌡 냉장 보관 **3일**

## 재료

쌈배추 ··· 1통(600~700g)

부추 ··· 1줌(50g)

꽃소금 ··· 2T

통깨 ··· 1T

### 겉절이 양념

고춧가루 ··· 1/2컵

액젓 ··· 2T

매실액 ··· 2T

다진 마늘 ··· 1+1/2T

생강즙 ··· 1/2t

찹쌀풀 ··· 3T

### 찹쌀풀

물 ··· 1/2컵

찹쌀가루 ··· 1T

## 겨울딸기's Tip

• 위생봉투에 배추와 소금을 넣고 고루 흔든 뒤 공기를 짝 뺀 뒤 묶어두면 배추가 빨리 절여집니다.

• 부추는 많이 치대면 풋내가 날 수 있어요. 배추를 충분히 버무린 뒤에 넣고 가볍게만 섞는 게 좋습니다.

• 초간단 찹쌀풀 만들기: 내열 볼에 분량의 찹쌀가루와 물을 넣고 덩어리지지 않게 잘 섞은 다음 전자레인지에 30초 돌린 뒤 꺼내 한번 섞은 다음 다시 30초 돌리면 완성입니다.

쌈배추는 먹기 좋은 크기로 잘라 물에 한번 헹군 뒤 꽃소금 2T을 넣어 고루 섞은 뒤 1시간 정도 절인다.

볼에 분량의 재료로 만든 겉절이 양념과 찹쌀풀을 잘 섞어 개어두고, 부추는 7cm 정도 길이로 썬다.

1의 배추를 한번 헹군 뒤 물기를 빼고 2의 양념을 넣어 잘 버무린다

3의 배추에 부추를 넣어 한번 더 버무려 통깨를 뿌려 완성한다.

# 양배추깻잎피클

⏱ 조리 시간 **10분** | 🌡 냉장 보관 **3일**

## 재료

양배추 … 1/5통

깻잎 … 40장

마늘 … 3알

편생강 … 1쪽

### 피클물

물 … 1컵

식초 … 1/2컵

설탕 … 1/2컵

소금 … 1+1/2T

양배추는 두꺼운 심 부분은 적당히 도려내고, 깻잎은 딱딱한 줄기 부분을 자른다. 마늘과 생강은 가늘게 채 썬다.

**1**의 양배추와 깻잎을 씻은 뒤 물기를 완전히 제거한다.

냄비에 피클물 재료를 넣고 설탕과 소금이 녹을 정도로 끓인 다음 한김 식혀둔다.

양배추와 깻잎, 채 썬 마늘과 생강을 켜켜이 올리고 피클물을 부어 꾹 눌러 하루 정도 실온 숙성 후 냉장 보관 한다.

## 겨울딸기's Tip

• 집에서 만드는 피클은 몇 번 먹을 양만큼만 계산해서 소량으로 만들어 보관하세요. 이 레시피는 식당이나 시판용 피클만큼 간이 세지 않아 냉장고에 오래 보관하면 맛이 변할 수 있어요.

• 일반 밀폐용기보다는 누름돌이 있는 용기를 사용하면 적은 피클 물로도 담글 수 있어요.

# 부추땡초전

 조리 시간 **10분** | 🌡 냉장 보관 **3일**

## 재료

부추 … 100g

청양고추 … 1개

양파 … 1/4개

당근 … 조금

식용유 … 3T

### 부침 반죽

부침가루 … 1컵

물 … 1+1/5컵

부추는 3~4cm 정도 길이로 썰고, 청양고추는 얇게 송송 썰고, 양파와 당근은 얇게 채 썬다.

분량의 부침가루와 물을 넣어 반죽을 만든다.

2의 반죽에 1의 재료를 넣어 섞는다.

### 겨울딸기's Tip

• 반죽물이 주르르 흐를 정도로 묽어야 전이 얇게 부쳐집니다. 너무 되직하다 싶으면 물을 조금 더 부어 조절하세요.

• 부침가루 자체에 간이 되어 있으므로 따로 소금 간을 하지 않아도 괜찮아요.

팬을 달궈 기름을 두르고 3의 반죽을 한 국자씩 떠서 앞뒤로 부쳐낸다.

# 부추달걀국

⏱ 조리 시간 **10분**　🌡 냉장 보관 **3일**

## 재료

| | |
|---|---|
| 달걀 | 3개 |
| 부추 | 20g |
| 멸치육수 | 3컵 |
| 국간장 | 1/2t |
| 소금 | 1/2t |
| 참기름 | 1/2t |
| 후춧가루 | 조금 |

달걀은 참기름과 소금 한 꼬집을 넣어 풀고, 부추는 0.5cm 크기로 잘게 썬다.

달걀물에 부추를 넣고 섞어둔다.

냄비에 분량의 멸치육수를 넣고 끓인다.

### 겨울딸기's Tip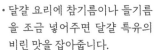

- 달걀 요리에 참기름이나 들기름을 조금 넣어주면 달걀 특유의 비린 맛을 잡아줍니다.
- 달걀물을 국물에 넣을 때 한꺼번에 들어붓지 말고 주르르 흐르게 부어주세요. 달걀도 덩어리지지 않고 국물에 닿으면서 바로 부드럽게 익어 식감도 더 좋아요.

육수가 팔팔 끓으면 **2**의 달걀물을 넣고 익도록 끓인 뒤 소금과 국간장으로 간을 맞춰 완성한다.

# 경상도고추장물

## 재료

손질한 국물용 멸치 … 1컵

풋고추 … 10개

홍고추 … 2개

다진 마늘 … 2T

팽이버섯 … 1/2봉지

국간장 … 1T

액젓 … 2T

들기름 … 2T

물 … 2컵

손질하여 살 부분만 발라낸 멸치는 전자레인지에 넣고 1분 정도 돌려둔다. 팽이버섯은 밑동을 잘라내고, 고추는 1cm 길이로 썰어준다.

풋고추와 홍고추는 잘게 다지고, 1의 멸치는 굵게 부스고, 팽이버섯은 1cm 길이로 송송 썰어준다.

팬에 들기름을 두르고 2의 재료와 다진 마늘을 넣고 가볍게 볶다가 물 2컵을 넣는다.

끓기 시작하면 국간장과 액젓으로 간을 하고 중약불에서 1분 정도 더 끓여 완성한다.

### 겨울딸기's Tip

• 고추는 썬 다음 씨를 한번 가볍게 털어주면 음식이 더 깔끔해집니다.

• 전자레인지로 멸치를 한번 구워주면 비린 맛도 사라지고 수분도 날아가 잘 부서집니다.

• 고추장물은 그냥 밥반찬으로 먹어도 맛있지만, 소분해 얼려 두었다가 전골 같은 요리를 할 때 감칠맛을 내는 천연조미료로도 활용할 수 있어요.

# 콥샐러드

| ⏱ 조리 시간 **10분** | 🌡 냉장 보관 **3일** |

## 재료

삶은 닭가슴살 ··· 1쪽(150g)

삶은 달걀 ··· 1개

비엔나소시지 ··· 5개

파프리카 ··· 1개

오이 ··· 1/2개

데친 브로콜리 ··· 3송이

양상추 ··· 1/4개

### 드레싱

마요네즈 ··· 3T

플레인요거트 ··· 3T

레몬즙 ··· 1T

꿀 ··· 1T

다진 양파 ··· 1T

소금 ··· 조금

후춧가루 ··· 조금

### 겨울딸기's Tip

• 드레싱은 미리 만들어 냉장고에 넣어두었다가 차게 해서 곁들이면 한결 더 맛있어요.

• 양상추를 그릇 아래쪽에 먼저 깔고 다른 재료를 올리면 볼륨감이 생겨 더 푸짐하고 보기 좋게 담을 수 있습니다.

• 뚜껑 있는 컵이나 작은 투명 용기에 소스 없이 내용물만 층층이 담아 냉장 보관해보세요. 아이들 간식이나 다이어트 샐러드로 하나씩 꺼내 먹기 딱입니다.

**1** 삶은 닭가슴살, 파프리카, 오이, 데친 브로콜리는 먹기 좋은 크기로 깍둑썰기 하고 양상추는 손으로 한입 크기로 찢어둔다.

**2** 삶은 달걀은 1의 채소와 비슷한 크기가 되도록 자르고, 비엔나소시지는 깍둑썰기한 다음 뜨거운 물에 가볍게 데쳐낸다.

**3** 분량의 재료로 드레싱을 만든다.

**4** 양상추를 그릇의 아래쪽에 먼저 깐 다음 나머지 재료를 가지런히 올리고 위에 3의 소스를 뿌리거나 따로 곁들여낸다.

# CHAPTER 2

# 2주차 식단

# 2주차 장보기

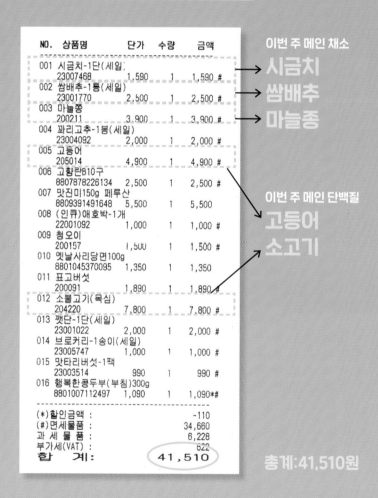

| NO. | 상품명 | 단가 | 수량 | 금액 |
|---|---|---|---|---|
| 001 | 시금치-1단(세일) | | | |
| | 23007468 | 1,590 | 1 | 1,590 # |
| 002 | 쌈배추-1통(세일) | | | |
| | 23001770 | 2,500 | 1 | 2,500 # |
| 003 | 마늘쫑 | | | |
| | 200211 | 3,900 | 1 | 3,900 # |
| 004 | 꽈리고추-1봉(세일) | | | |
| | 23004092 | 2,000 | 1 | 2,000 # |
| 005 | 고등어 | | | |
| | 205014 | 4,900 | 1 | 4,900 # |
| 006 | 고향란B10구 | | | |
| | 8807878226134 | 2,500 | 1 | 2,500 # |
| 007 | 맛진미150g 페루산 | | | |
| | 8809391491648 | 5,500 | 1 | 5,500 |
| 008 | (인큐)애호박-1개 | | | |
| | 22001092 | 1,000 | 1 | 1,000 # |
| 009 | 청오이 | | | |
| | 200157 | 1,500 | 1 | 1,500 # |
| 010 | 옛날사리당면100g | | | |
| | 8801045370095 | 1,350 | 1 | 1,350 |
| 011 | 표고버섯 | | | |
| | 200091 | 1,890 | 1 | 1,890 # |
| 012 | 소불고기(목심) | | | |
| | 204220 | 7,800 | 1 | 7,800 # |
| 013 | 깻단-1단(세일) | | | |
| | 23001022 | 2,000 | 1 | 2,000 # |
| 014 | 브로커리-1송이(세일) | | | |
| | 23005747 | 1,000 | 1 | 1,000 # |
| 015 | 맛타리버섯-1팩 | | | |
| | 23003514 | 990 | 1 | 990 # |
| 016 | 행복한콩두부(부침)300g | | | |
| | 8801007112497 | 1,090 | 1 | 1,090 *# |

| | |
|---|---|
| (*)할인금액 : | -110 |
| (#)면세물품 : | 34,660 |
| 과 세 물 품 : | 6,228 |
| 부가세(VAT) : | 622 |
| 합　계 : | 41,510 |

**이번 주 메인 채소**

→ 시금치
→ 쌈배추
→ 마늘종

**이번 주 메인 단백질**

고등어
소고기

**총계:41,510원**

불고기배추볶음

시금치무침

마늘종새우간장볶음

불고기샐러드

깍두기

표고카레전

밥통달걀찜

맑은된장국

진미채무침

10분잡채

자반고등어무조림

브로콜리두부무침

깻잎순나물

애호박새우볶음

버섯들깨볶음

# 불고기배추볶음

⏱ 조리 시간 **15분** | 🌡 냉장 보관 **3일**

### 재료

소고기(불고기용) … 200g

양파 … 1/4개

배추잎 … 5장

불린 당면 … 100g

당근 … 조금

대파 … 조금

멸치육수 … 1컵

국간장 … 조금

식용유 … 조금

### 불고기 양념

간장 … 3T

맛술 … 1T

설탕 … 1/2T

다진 마늘 … 1T

참기름 … 1/2T

후춧가루 … 조금

소고기는 키친타올에 올려 핏물을 빼고 분량의
재료를 섞어 불고기 양념을 만든다.

배추, 양파, 대파, 당근은 길쭉하게 한입 크기로
썬다. 1의 소고기는 양념에 버무려둔다.

팬을 달궈 기름을 두르고 1의 채소와 양념 불고
기를 차례로 넣고 가볍게 볶은 다음 멸치 육수
를 넣고 한소끔 끓여준다.

끓기 시작하면 불린 당면을 넣고 익혀 완성한
다. 부족한 간은 국간장으로 맞춘다.

### 겨울딸기's Tip

고기와 채소는 한꺼번에 넣고 볶
지 말고 채소부터 먼저 살짝 볶다
가 한쪽으로 민 다음 불고기를 볶
아보세요. 채소와 고기 모두 식감
이 더 좋습니다.

# 불고기상추샐러드

| ⏱ 조리 시간 **10분** | 🌡 냉장 보관 **3일** |
| --- | --- |

## 재료

소고기(불고기용)···300g

상추···10장

깻잎···5장

양파···1/4개

### 불고기 양념

간장···2T

설탕···1T

맛술···1T

참기름···1T

깨소금···1T

후춧가루···조금

### 겉절이 양념

간장···2t

매실액···1T

참기름···1T

고춧가루···1t

불고기는 키친타월을 이용해 핏물을 빼고 분량의 재료를 섞어 만든 불고기 양념에 재워둔다.

상추, 깻잎, 양파는 먹기 좋은 크기로 썰어 찬물에 잠깐 담갔다 물기를 완전히 뺀다. 분량의 재료를 섞어 겉절이 양념도 만들어둔다.

팬에 기름을 두르고 **1**의 불고기를 물기가 없을 정도로 볶은 뒤 한김 식힌다.

**2**의 채소를 겉절이 양념에 가볍게 버무린 뒤 **3**의 불고기와 섞어 완성한다.

## 겨울딸기's Tip

• 샐러드용 채소는 물기를 덜 빼면 뒤에 채소에서 물이 나와 간이 싱거워집니다. 채소 탈수기를 이용하면 빠르게 물기를 제거할 수 있어 편리합니다.

• 볶은 불고기를 바로 겉절이와 섞으면 고기의 열기로 채소가 숨이 죽으므로 볶은 후 한김 식혀서 섞는 게 좋아요.

2주차

# 자반고등어무조림

## 재료

자반고등어 … 2쪽

무 … 1/5개

대파 … 1/2개

청양고추 … 1개

간장 … 1T

물 … 1+1/2컵

### 양념

만능 양념장 … 3~4T

생강술 … 1T

편생강 … 2~3쪽

후춧가루 … 조금

자반고등어는 반 토막 낸 다음 물에 한번 헹궈 둔다. 무는 1cm 두께로 큼직하게 썰고 대파와 청양고추는 어슷하게 썬다.

냄비에 무를 먼저 넣고 물 1+1/2컵과 간장 1T를 넣어 뚜껑을 닫고 끓인다.

무가 살캉하게 익으면 **1**의 고등어와 편생강, 분량의 재료로 만든 양념을 올리고 대파와 청양고추를 얹고 뚜껑을 닫아 중강 불에서 끓여준다.

양념 국물이 1/3 정도 남으면 참기름과 통깨를 뿌려 완성한다.

### 겨울딸기's Tip

• 무를 먼저 넣어 익혀야 무에 양념이 잘 배고 고등어와 익는 시간도 거의 맞아요.

• 고등어가 양념물에 잠기지 않으면 물을 조금 더 추가하세요. 고등어가 자박하게 잠길 정도의 상태에서 조리기 시작해야 맛나요.

• 조리는 중간중간 뚜껑을 열고 국물을 끼얹어주어야 양념이 고루 뱁니다.

• 편 생강은 생강술에 담긴 생강을 넣으면 편리합니다.

# 10분잡채

⏱ 조리 시간 **10분** | 🌡 냉장 보관 **3일**

## 재료

| | |
|---|---|
| 마른 당면 | 150g |
| 파프리카 | 1/2개 |
| 양파 | 1/2개 |
| 표고버섯 | 1개 |
| 부추 | 조금 |
| 소금 | 조금 |
| 후춧가루 | 조금 |
| 참기름 | 1T |
| 통깨 | 조금 |
| 식용유 | 조금 |

### 양념

| | |
|---|---|
| 간장 | 2T |
| 맛술 | 1T |
| 설탕 | 1T |
| 물 | 1/3컵 |
| 식용유 | 1T |

### 겨울딸기's Tip

- 마른 당면은 찬물에 1시간 정도 불리면 됩니다. 냉장 보관 시 5일 정도 보관 가능해요.
- 당면과 양념을 넣고 볶을 때 당면이 덜 익은 것 같다면 물 1T를 넣고 아주 약한 불로 줄여 뚜껑을 닫고 1~2분 정도 익혀주세요.
- 잡채를 간장물에 조릴 때는 중약불로 불 조절을 하고 당면을 잘 저어주며 익혀야 부드럽게 됩니다.
- 부추는 마지막에 넣어 당면의 열기로 숨이 죽을 정도만 익히면 충분합니다.

당면은 찬물에 미리 불려둔다. 채소류는 모두 도톰하게 채 썰고 부추는 7cm 정도 길이로 썰어준다.

팬을 달군 뒤 기름을 두르고 부추를 제외한 채소와 소금을 넣고 가볍게 볶아 다른 그릇에 덜어둔다.

팬에 1의 불린 당면과 분량의 재료로 만든 양념을 넣고 뒤적이며 양념이 줄어들 때까지 볶는다.

잡채에 양념이 배면 불을 끄고 2의 볶은 채소, 부추를 넣고 뒤적인 뒤 후춧가루, 참기름, 통깨를 넣어 마무리한다.

# 밥통달걀찜

| ⏱ 조리 시간 **25분** | 🌡 냉장 보관 **3일** |

2주차

## 재료

달걀…6개

다진 자투리 채소(당근, 양파, 부추 등)…1컵

멸치육수…1+1/2컵

액젓…1t

참기름…1t

검은깨…1t

소금…1/2t

달걀에 소금, 액젓, 참기름을 넣어 잘 섞는다.
분량의 멸치육수도 준비한다.

자투리 채소는 잘게 다지듯 썰어 준비한다.

달걀물과 멸치육수를 섞은 뒤 **2**의 다진 채소와
검은깨를 넣고 잘 섞어준다.

전기밥통에 **3**의 재료를 넣고 취사 버튼을 눌러
완성한다.

### 겨울딸기's Tip

• 중탕으로 쪄내는 번거로움 없이
취사 버튼 한번으로 간단하게 만
들 수 있어 종종 사용하는 방법이
에요. 쾌속 백미나 만능찜 코스
를 선택하면 더 빠르게 할 수 있
습니다. 한꺼번에 만들어놓고 조
각내어 냉장 보관해두면 간편하
게 달걀찜을 즐길 수 있어요.

• 달걀 1개당 멸치육수를 50mL 넣
는 걸로 계산하면 알맞게 촉촉
한 달걀찜이 만들어집니다.

# 애호박새우볶음

⏱ 조리 시간 **10분** | 🌡 냉장 보관 **3일**

### 재료

애호박 … 1/2개

칵테일새우 … 10마리

양파 … 1/4개

청양고추 … 1개

당근 … 조금

마늘 … 2알

새우젓 … 1t

액젓 … 1/2T

으깬 마늘 … 1t

고춧가루 … 1t

참기름 … 1t

통깨 … 약간

식용유 … 약간

애호박은 도톰하게 반달썰기하고 양파, 당근, 청양고추는 한입 크기로 썬다.

팬에 식용유를 두르고 먼저 굵게 으깬 마늘을 넣어 향을 낸 뒤 **1**의 채소를 넣어 볶다가 새우젓과 액젓을 넣어 간을 한다.

준비한 칵테일새우를 넣고 고루 뒤적이며 볶는다.

참기름을 넣고 한번 더 버무리고 통깨를 뿌려 완성한다.

---

### 겨울딸기's Tip

• 볶음 음식에 마늘을 넣을 때는 다진 마늘을 쓰는 것보다 칼등이나 절구를 사용해 큼직하고 거칠게 으깨어 사용하는 게 깔끔해요.

• 볶다가 기름이 부족하다 느껴지면 물을 조금 넣고 볶다가 약불로 줄여 냄비의 뚜껑을 닫아 익히세요. 식용유를 추가하는 것보다 맛이 더 깔끔해요.

# 시금치무침

| 조리 시간 **10분** | 냉장 보관 **3일** |

**재료**

시금치 … 1단

다진 파 … 1T

다진 마늘 … 1t

소금 … 1/2t

통깨 … 1T

참기름 … 1T

시금치는 끓는 물에 넣고 저어가며 30초 정도 데친 뒤 찬물에 헹군다.

**1**의 시금치는 물기를 짠 뒤 먹기 좋은 크기로 썰어준다.

볼에 **2**의 시금치와 다진 파, 다진 마늘과 소금을 넣는다.

양념에 고루 버무리고 참기름, 통깨를 넣어 고소한 맛을 더한다.

겨울딸기's Tip

나물의 물기를 뺄 때 손의 힘은 양손으로 포개어 살짝 힘주어 악수하는 힘 정도가 적당해요. 너무 세게 짓누르면 채소가 뭉그러지거나 나물이 너무 메마를 우려가 있어요.

RECIPE 8

# 브로콜리두부무침

⏱ 조리 시간 **10분** | 🌡 냉장 보관 **3일**

## 재료

데친 브로콜리 … 5조각

두부 … 1/2모(150g)

다진 파 … 1T

다진 마늘 … 1t

소금 … 1/3t

참기름 … 1T

통깨 … 1/2T

데친 브로콜리는 모양을 살려 납작하게 썰어 준비한다.

두부는 끓는 물에 가볍게 데친 뒤 체에 밭쳐 물기를 뺀다.

볼에 두부를 넣고 손으로 으깨준다.

3의 두부에 브로콜리를 넣고 다진 파, 다진 마늘, 소금을 넣은 뒤 조물조물 무치고 참기름, 통깨를 넣어 마무리한다.

### 겨울딸기's Tip

• 무침에는 부드러운 식감의 두부보다 단단한 두부가 더 적합합니다.

• 브로콜리 대신 쑥갓을 살짝 숨만 죽을 정도로 데친 다음 넣어도 맛있어요.

2주차

# 버섯들깨볶음

조리 시간 **10분** | 냉장 보관 **3일**

### 재료

표고버섯 … 3개

새송이버섯 … 3개

멸치육수 … 1/4컵

소금 … 1/2t

들깻가루 … 2T

들기름 … 1T

식용유 … 조금

버섯은 모양을 살려 얇게 편으로 썬다.

팬을 달궈 들기름을 두르고 **1**의 버섯을 볶으면서 소금으로 간을 한다.

**2**의 팬에 멸치육수를 붓고 끓기 시작하면 들깻가루를 넣는다.

## 겨울딸기's Tip

· 같은 버섯이라도 편으로 얇게 썰어 볶으면 두께에 따라 색다른 식감을 즐길 수 있습니다.

· 들깻가루를 넣지 않고 담백하게 볶는다면 멸치육수를 넣지 않고 버섯 자체의 수분만으로 볶아내도 좋아요.

들깻가루와 버섯이 어우러지게 잘 볶아준다.

2주차

# 마늘종새우간장볶음

🕐 조리 시간 **10분** | 🌡️ 냉장 보관 **3일**

## 재료

마늘종 … 150g

마른새우 … 1컵(20g)

참기름 … 1T

통깨 … 1/2T

소금 … 약간

식용유 … 약간

**양념**

간장 … 1T

올리고당 … 1+1/2T

맛술 … 1T

마른새우는 체에 밭쳐 부스러기를 털어내고 찬물에 한번 헹군 뒤 내열용기에 담아 전자레인지에 1분간 돌려준다.

마늘종은 끓는 물에 30초 이내로 가볍게 데쳐 물기를 빼고 소금을 두 꼬집을 넣어 밑간을 해둔다. 분량의 재료를 섞어 양념을 만든다.

팬을 달궈 식용유를 두르고 마늘종과 새우를 기름 코팅하듯 가볍게 볶은 뒤 **2**의 양념을 부어준다.

양념장이 마늘종과 새우에 고루 배면 참기름과 통깨를 뿌려 마무리한다.

### 겨울딸기's Tip

• 마른새우를 그냥 사용하면 양념이 고루 배지 않습니다.

• 마늘종은 겉면이 딱딱하고 매끈해서 양념이 잘 배지 않아요. 이럴 때는 위의 방법처럼 데친 후 소금으로 미리 밑간을 하면 더 맛있습니다. 데치는 물에 소금을 약간 넣어도 돼요.

# 깻잎순나물

| 🕙 조리 시간 **10분** | 🌡 냉장 보관 **3일** |

### 재료

깻잎순 … 200g

멸치육수 … 1컵

들깻가루 … 2T

국간장 … 1+1/2T

다진 파 … 1T

다진 마늘 … 1t

들기름 … 1T

소금 … 약간

깻잎순은 뜨거운 물에 데쳐 찬물에 담갔다가 물기를 짠 뒤 국간장, 다진 파, 다진 마늘을 넣고 가볍게 무친다.

팬에 들기름을 두르고 1의 양념한 깻잎순을 넣어 살짝 볶다가 분량의 멸치육수를 넣는다.

육수가 끓기 시작하면 들깻가루를 넣는다.

깻잎순과 들깻가루를 잘 섞으며 볶아 마무리한다. 모자라는 간은 소금으로 조절한다.

### 겨울딸기's Tip

· 깻잎순은 끓는 물에서 약 10초 정도만 데쳐도 충분합니다.

· 들깻가루는 수분을 많이 흡수해요. 자박한 들깻국물을 원하면 멸치육수를 더 추가하세요.

# 진미채무침

⏱ 조리 시간 **10분**　🌡 냉장 보관 **3일**

## 재료

진미채 … 150g

마요네즈 … 1+1/2T

통깨 … 1T

**양념**

고추장 … 2T

고춧가루 … 1/2T

올리고당 … 2T

생강술 … 1T

간장 … 1t

다진 마늘 … 1/2T

식용유 … 1T

진미채는 먹기 좋게 한입 크기로 잘라 물에 헹
군 뒤 물기를 가볍게 털어 내열용기에 담아 전
자레인지에 넣고 1~2분 돌린다.

**1**의 진미채에 분량의 마요네즈를 넣어 잘 섞어
준다.

분량의 재료로 만든 양념을 팬에 넣고 끓어오르
면 불을 바로 끄고 한김 식힌다.

**2**의 진미채를 **3**의 양념에 넣고 양념이 고루 묻
도록 잘 버무린 뒤 통깨를 뿌려 완성한다.

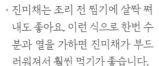

## 겨울딸기's Tip

- 진미채는 조리 전 찜기에 살짝 쪄
  내도 좋아요. 이런 식으로 한번 수
  분과 열을 가하면 진미채가 부드
  러워져서 훨씬 먹기가 좋습니다.
- 양념을 한번 끓였다 식혀 사용하
  면 맛이 한결 부드러워집니다.
- 진미채는 한번 쪄서 무쳐두면 냉
  장고에 들어갔다 나와도 식감
  이 덜 딱딱합니다.

RECIPE 13

# 표고카레전

🕐 조리 시간 **10분** | 🌡️ 냉장 보관 **3일**

### 재료

표고버섯 … 5개
부침가루 … 3T
카레가루 … 1t
달걀 … 2개
식용유 … 약간

표고버섯은 모양 살려 0.5cm 두께로 썬다.

분량의 부침가루와 카레가루를 섞고 달걀물을
준비한다.

**1**의 표고버섯에 **2**의 가루와 달걀물을 순서대
로 입힌다.

### 겨울딸기's Tip

위생봉투에 표고버섯과 가루류를
넣은 다음 빵빵하게 공기를 넣고
입구를 막은 채 잘 흔들면 쉽게 부
침 옷이 입혀집니다.

달군 팬에 기름을 두르고 **3**의 버섯을 올려 앞
뒤로 노릇하게 구워낸다.

107

# 깍두기

조리 시간 **10분** | 냉장 보관 **7일**

## 재료

무(1.5kg 내외) ··· 1개

쪽파 ··· 4줄기

고춧가루 ··· 4T

### 무 밑간

소금 ··· 2T

설탕 ··· 1T

### 양념

새우젓 ··· 1T

멸치액젓 ··· 2T

다진 마늘 ··· 1T

생강즙 ··· 1/2t

찹쌀풀 ··· 3T

무는 1.5cm 두께로 썰어 밑간용 소금, 설탕을 넣고 30분~1시간 정도 절인다.

쪽파는 1.5cm 길이로 썰고, 분량의 재료로 양념을 만들어 둔다.

1의 무의 물기를 뺀 다음 고춧가루를 먼저 넣어 빨갛게 색을 낸다.

### 겨울딸기's Tip

• 무가 맛있는 겨울철에는 소금으로만 절여도 단맛이 납니다.

• 고춧가루를 무에 먼저 넣어 버무려 색을 내면 같은 양의 고춧가루를 사용해도 깍두기 색이 더 선명하게 나옵니다.

• 초간단 찹쌀풀 만드는 법은 65쪽을 참조하세요.

2의 양념을 넣어 한번 더 버무린 뒤 쪽파를 넣고 가볍게 섞어 완성한다.

# 맑은된장국

⏱ 조리 시간 **15분**    🌡 냉장 보관 **3일**

## 재료

감자 … 1/2개

호박 … 1/5개

양파 … 1/4개

표고버섯 … 1개

두부 … 1/5모

대파 … 1/4개

청양고추 … 1개

멸치육수 … 3~4컵

된장 … 2T

고춧가루 … 1/2T

다진 마늘 … 1t

국간장 … 1/2t

감자, 호박, 양파, 표고버섯, 두부는 한입 크기로 썰고 대파와 청양고추는 어슷하게 썬다.

분량의 멸치육수에 **1**의 감자를 넣고 끓기 시작하면 된장을 덩어리지지 않게 풀어 넣는다.

국물이 다시 끓어오르면 다진 마늘, 고춧가루와 나머지 채소(양파, 호박, 버섯, 청양고추)을 넣는다.

호박이 투명하게 익으면 두부와 대파를 넣고 한소끔 끓여 완성한다. 부족한 간은 국간장으로 맞춘다.

### 겨울딸기's Tip

• 집된장과 시판된장은 염도가 달라요. 종류에 따라 사용량을 조절해주세요.

• 된장국의 염도를 된장으로만 맞추려고 하면 국물 맛이 텁텁해질 수 있어요. 국간장으로 나머지 간을 맞추면 개운한 맛을 낼 수 있습니다.

• 단단한 감자는 처음 국물을 끓일 때부터 넣어야 익는 속도가 맞아요.

# CHAPTER 3

# 3주차 식단

# 3주차 장보기

| 상 품 명 | 단 가 | 수량 | 금 액 |
|---|---|---|---|
| * 조림멸치180g | | | |
| 8809094024600 | 5,980 | 1 | 5,980 |
| * 종가집순두부350g | | | |
| 8801024541300 | 1,600 | 1 | 1,600 |
| * 흙당근(100g) | | | |
| 2416460008502 | 860 | 1 | 860 |
| * (A)무(10˝12입) | | | |
| 2421080012801 | 1,280 | 1 | 1,280 |
| 카드행사 | | | -320 |
| * 연근(봉) | | | |
| 2500000041112 | 6,980 | 1 | 6,980 |
| * 김해대동 부추(봉) | | | |
| 2500000062995 | 1,980 | 1 | 1,980 |
| * 990대파 | | | |
| 2500000011511 | 990 | 1 | 990 |
| * GAP팽이버섯(봉) | | | |
| 2500000042140 | 980 | 1 | 980 |
| * 리얼밀콩나물500g | | | |
| 8802020034132 | 1,180 | 1 | 1,180 |
| * 웰빙명란젓 | | | |
| 1193090048700 | 4,870 | 1 | 4,870 |
| * 제주도니돈안심 | | | |
| 2412280066204 | 6,620 | 1 | 6,620 |
| * 1+ 등급란 10개입 특 | | | |
| 8801496106816 | 2,980 | 1 | 2,980 |
| * 가지(2입/봉) | | | |
| 2500000037764 | 1,480 | 1 | 1,480 |
| * 진천백오이(5입/봉) | | | |
| 2500000128745 | 1,730 | 1 | 1,730 |
| * (대)국산뒷다리불고기 | | | |
| 2430540051504 | 5,150 | 1 | 5,150 |

|  | |
|---|---|
| 총 품 목 수 량 | 15 |
| (*)면 세 물 품 | 44,340 |
| 합 계 | 44,340 |
| 결 제 대 상 금 액 | 44,340 |

**이번 주 메인 채소**

**무**
**연근**
**가지**

**이번 주 메인 단백질**

**돼지고기**

**총계:44,340원**

# 3주차 요리

오이부추김치

돼지고기순두부찌개

잔멸치깻잎찜

간장제육불고기

간단동치미

우엉강정

가지볶음

콩나물대파무침

명란두부탕

돼지고기메추리알조림

멸치고추장볶음

팽이버섯전

순두부달걀찜

오이냉국

연근샐러드

# 간장제육불고기

⏱ 조리 시간 **10분** | 🌡 냉장 보관 **3일**

## 재료

돼지고기 … 300g

양파 … 1/2개

대파 … 1/2개

참기름 … 1T

통깨 … 1t

식용유 … 조금

### 불고기 양념

간장 … 2+1/2T

맛술 … 2T

생강즙 … 1/2t

설탕 … 1T

다진 파 … 1T

다진 마늘 … 1T

후춧가루 … 조금

### 겨울딸기's Tip

- 돼지고기 불고기감은 앞다리살, 뒷다리살 둘 다 괜찮아요.
- 한꺼번에 만들어서 냉동 보관을 해두려고 할 때는 간장 양을 반으로 줄여서 요리했다가 해동해서 볶을 때 간장을 추가해보세요. 덜 짜게 먹을 수 있고 또 분량대로 양념해서 보관했을 때보다 고기도 더 부드럽습니다.

돼지고기는 분량의 재료를 섞어 만든 불고기 양념에 30분 정도 재운다.

팬을 달궈 기름을 두르고 채 썬 양파와 대파와 소금 두 꼬집을 넣어 채소에 기름 코팅하듯 살짝 볶는다.

2의 채소를 팬의 한쪽으로 밀고 1의 양념된 돼지고기를 넣고 볶는다.

고기 표면이 연갈색으로 변하면 밀어둔 채소와 섞어 완전히 익힌 뒤 참기름과 통깨를 뿌려 완성한다.

# 돼지고기메추리알장조림

| ⏱ 조리 시간 **25분** | 🌡 냉장 보관 **5일** |

## 재료

돼지고기(장조림용) … 300g

메추리알 … 20알

꽈리고추 … 5개

마늘 … 10개

### 돼지고기 삶는 물

양파 … 1/2개

편생강 … 2쪽

통후추 … 10알

대파잎 … 조금

물 … 2+1/2컵

### 간장물

간장 … 5T

국간장 … 1T

설탕 … 1T

맛술 … 1T

돼지고기 삶는 물 … 2컵

### 겨울딸기's Tip

• 잡내 제거용 편생강은 생강술에
담긴 생강을 사용하면 편리합니
다. 생강술 만드는 법은 24쪽을
참고하세요.

• 과정 1은 고기의 핏물과 잡내를
없애기 위한 것으로, 1차적으로
겉면만 갈색이 될 정도로 살짝
익히면 됩니다.

돼지고기는 덩어리 상태로 냄비에 넣고 찬물을
부어 끓이다가 끓기 시작하면 꺼내 헹궈둔다.
꽈리고추는 꼭지를 제거하고 반으로 썬다.

돼지고기 삶는 물을 만들어 1의 돼지고기를 넣
고 뚜껑을 닫고 20분 정도 중간 불에서 끓기 시
작하면 약한 불로 줄여 뭉근하게 삶아준다.

2의 돼지고기는 건져 결대로 찢고, 국물은 체에
밭쳐 맑은 국물만 따라놓는다(2컵 분량). 분량
의 재료를 섞어 간장물을 만든다.

냄비에 3의 국물과 간장물을 넣고 끓어오르면
고기, 메추리알, 마늘, 꽈리고추를 넣어 끓인다.

# 돼지고기순두부찌개

| ⏱ 조리 시간 **15분** | 🌡 냉장 보관 **3일** |

## 재료

| | |
|---|---|
| 돼지고기(불고기용) | 100g |
| 순두부 | 1/2팩 |
| 배추잎 | 3장 |
| 양파 | 1/4개 |
| 대파 | 1/3개 |
| 다진 마늘 | 1t |
| 달걀 | 1개 |
| 멸치육수 | 1+1/2컵 |
| 고춧가루 | 1T |
| 액젓 | 1T |
| 소금 | 조금 |
| 식용유 | 1T |

### 돼지고기 밑간

| | |
|---|---|
| 맛술 | 1t |
| 후춧가루 | 조금 |

### 겨울딸기's Tip

- 채소를 볶을 때 고춧가루를 넣으면 따로 고추기름을 넣은 것과 비슷해져요.
- 배추를 넣으면 시원한 맛이 나고 소금이나 국간장 대신 액젓을 넣으면 찌개의 감칠맛을 낼 수 있습니다.

준비한 채소는 한입 크기로 썰고 돼지고기는 후 춧가루와 맛술로 밑간해둔다.

팬을 달궈 기름을 두르고 다진 마늘과 1의 채소, 고춧가루 1T을 넣고 볶다가 한쪽으로 민 뒤 1의 밑간한 돼지고기를 넣고 갈색이 되도록 볶는다.

분량의 멸치육수를 붓고 한소끔 끓인다.

액젓으로 간을 한 뒤 순두부와 달걀을 깨트려 넣어 완성한다. 모자라는 간은 소금으로 조절한다.

# 순두부달걀찜

🕐 조리 시간 **15분**　🌡 냉장 보관 **3일**

## 재료

달걀 … 2개

순두부 … 1/3개

새우 … 4마리

멸치육수 … 1/2컵

참기름 … 1/2t

소금 … 1t

달걀을 잘 풀어준 다음 분량의 멸치육수와 섞는다.

순두부를 체에 내려 **1**의 재료에 섞고 참기름과 소금으로 간을 한다.

내열그릇에 **2**의 재료를 붓고 랩으로 덮어 물이 끓는 냄비에 넣은 뒤 중약 불로 줄여 뚜껑을 닫고 10분 정도 쪄낸다.

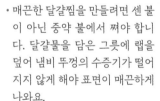

### 겨울딸기's Tip

- 매끈한 달걀찜을 만들려면 센 불이 아닌 중약 불에서 쪄야 합니다. 달걀물을 담은 그릇에 랩을 덮어 냄비 뚜껑의 수증기가 떨어지지 않게 해야 표면이 매끈하게 나와요.
- 달걀찜이 2/3 정도 익었을 때 새우를 올리면 가라앉지 않고 적당히 잘 익습니다.
- 냄비 바닥에 깨끗한 행주를 접어 깔거나 작은 스테인리스 채반을 넣어주면 달그락거리지 않아 달걀찜이 매끈하게 나와요.

새우 올리고 뚜껑 닫고 5분 정도 더 쪄낸다.

# 콩나물대파무침

## 재료

| | |
|---|---|
| 콩나물 | 3줌(300g) |
| 대파 | 1/2개 |
| 다진 마늘 | 1t |
| 고춧가루 | 1T |
| 소금 | 2/3t |
| 참기름 | 1/2T |
| 통깨 | 1t |
| 물 | 1/4컵 |

바닥이 도톰한 냄비에 콩나물과 물 1/4컵을 넣고 중강 불에서 뚜껑을 덮고 익히다가 김이 나오면 약한 불에서 1분 내외로 삶은 뒤 불을 끈다.

삶은 콩나물은 아삭한 식감을 위해 찬물에 헹궈 물기를 뺀다. 대파도 길게 채 썬 뒤 찬물에 헹구어 물기를 뺀다.

2의 콩나물과 대파에 다진 마늘, 고춧가루, 소금을 넣는다.

양념이 고루 섞이면 참기름과 통깨를 넣어 마무리한다.

### 겨울딸기's Tip

• 바닥이 얇은 냄비일 경우 금방 수분이 증발하므로 물을 좀 더 넣어주세요. 무침용 콩나물은 물에 푹 담가 삶으면 콩나물의 시원한 맛이 데치는 물로 다 빠져서 이와 같은 저수분 방식으로 익히는 것을 추천합니다.

• 삶은 콩나물은 찬물에 헹구는 대신 넓은 채반에 펼쳐 식혀도 됩니다.

# 가지볶음

⏱ 조리 시간 **10분** | 🌡 냉장 보관 **3일**

## 재료

가지 … 2개

들기름 … 1T

식용유 … 조금

**양념**

다진 청양고추 … 1T

다진 당근 … 1T

올리고당 … 1+1/2T

국간장 … 1T

통깨 … 1T

가지는 반으로 길게 자른 뒤 다시 한입 크기로 썬다. 분량의 재료를 섞어 양념을 만들어둔다.

내열용기에 가지와 물 1T 정도를 넣은 후 전자레인지에 넣고 2분 이내로 짧게 찐 다음 물기를 뺀다.

중강 불로 팬을 달궈 들기름과 식용유를 넣은 뒤 **2**의 가지를 기름 코팅을 하듯 가볍게 볶다가 **1**의 양념을 넣고 조린다.

가지에 양념이 골고루 배면서 적당히 졸아들면 불을 끈다.

### 겨울딸기's Tip

• 내열용기가 없을 때는 유리그릇에 넣어 랩을 씌운 뒤 랩에 구멍을 몇 군데 내고 사용하세요.

• 가지를 살짝 쪄서 볶으면 양념이 빨리 배입니다.

# 멸치고추장볶음

<table>
<tr><td>⏱ 조리 시간 10분</td><td>🌡 냉장 보관 7일</td></tr>
</table>

## 재료

중간 멸치 … 2컵

마늘 … 5개

통깨 … 1T

식용유 … 1+1/2T

**양념**

고추장 … 2T

간장 … 1t

생강술 … 1T

올리고당 … 2T

매실액 … 1T

팬에 식용유를 넣고 뜨거워지면 편으로 썬 마늘을 넣고 노릇하게 튀긴 뒤 꺼내둔다.

**1**의 팬에 남은 기름에 멸치를 넣고 기름 코팅하듯 가볍게 볶은 뒤 다른 그릇에 덜어둔다.

분량의 재료를 섞어 만든 양념을 팬에 넣고 양념 전체에 거품이 나면서 끓으면 불을 끄고 **1**의 편마늘과 **2**의 볶은 멸치를 넣는다.

### 겨울딸기's Tip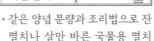

• 같은 양념 분량과 조리법으로 잔 멸치나 살만 바른 국물용 멸치를 사용해도 무관합니다.

• 잔멸치로 만들면 밥과 함께 뭉쳐 주먹밥을 만들기에도 좋습니다.

멸치와 마늘에 양념이 골고루 묻도록 잘 뒤적인 다음 통깨를 뿌려 완성한다.

# 잔멸치깻잎찜

⏱ 조리 시간 **10분** | 🌡 냉장 보관 **3일**

## 재료

깻잎 … 40~50장

잔멸치 … 1/3컵

양파 … 1/4개

**양념**

간장 … 1T

맛술 … 1T

다진 마늘 … 1t

고춧가루 … 1/2T

멸치육수 … 1/2컵

참기름 … 1T

통깨 … 1/2T

깻잎은 깨끗이 씻어 딱딱한 꼭지 부분을 잘라내고 양파는 가늘게 채 썬다. 양념은 분량의 재료를 섞어 미리 만들어둔다.

냄비에 준비한 멸치와 깻잎, 양파를 한 단 올린다.

**2**의 재료 위에 **1**에서 만들어둔 양념을 적당히 올린다. 이 과정을 반복해서 켜켜이 담는다.

**3**의 냄비의 뚜껑을 닫고 중약 불로 끓이다가 김이 오르기 시작하면 약한 불로 줄여 5분 정도 더 끓이고 불을 끈다.

### 겨울딸기's Tip

· 조리는 과정에서 멸치의 염분이 나오므로 양념의 간은 너무 짜지 않게 잡습니다.
· 참기름 대신 들기름을 넣어도 풍미가 좋아요.

3
주
차

# 우엉강정

⏱ 조리 시간 **15분**  🌡 냉장 보관 **3일**

## 재료

우엉··· 3뿌리(300g)

전분가루··· 3T

통깨··· 조금

식용유··· 적당량

**양념**

국간장··· 1T

설탕··· 1T

올리고당··· 1T

맛술··· 1T

물··· 1T

우엉은 필러를 이용해 껍질을 벗기고 얄팍하게 어슷 썰어 찬물에 헹군 뒤 물기를 뺀다.

**1**의 우엉에 전분가루를 골고루 입힌다.

냄비에 우엉이 잠길 정도의 기름을 붓고 **2**의 우엉의 겉면이 갈색이 띨 정도로 튀겨 덜어둔다.

팬에 분량의 양념 재료를 넣고 바글거리며 끓기 시작하면 **3**의 우엉을 넣고 재빨리 버무려 완성한다.

### 겨울딸기's Tip

냄비를 살짝 기울여 기름을 한쪽으로 모아 재료를 두세 번 나눠가며 튀기면 적은 기름으로도 요리를 할 수 있어요.

# 명란두부탕

⏱ 조리 시간 **10분** | 🌡 냉장 보관 **3일**

## 재료

| | |
|---|---|
| 명란젓 | 2개(150g) |
| 두부 | 1/3모(100g) |
| 마늘 | 2개 |
| 대파 | 1/5개 |
| 홍고추 | 1/3개 |
| 새우젓 | 1t |
| 멸치육수 | 3컵 |

두부는 사방 1cm 크기로 깍둑썰기 한다. 대파와 홍고추는 모양을 살려 송송 썰고 마늘은 편 썬다.

명란젓은 한입 크기로 자른다.

냄비에 분량의 멸치육수와 **2**의 명란젓을 넣는다.

### 겨울딸기's Tip

- 명란젓은 칼로 썰기보단 그릇에 담아 가위로 자르면 편리합니다.
- 맑은 국을 끓일 때는 다진 마늘을 쓰는 대신 편 썰거나 굵게 으깬 마늘을 쓰면 국물이 깔끔하게 나옵니다.
- 명란은 구입 후 바로 먹을 분량만 덜어두고 1회분씩 소분해 랩으로 감은 다음 밀폐용기에 담아 냉동실에 보관하세요.

육수가 끓으면 **1**의 재료를 넣어 한소끔 끓인 뒤 모자라는 간은 새우젓으로 맞춘다.

# 팽이버섯전

⏱ 조리 시간 **10분** | 🌡 냉장 보관 **3일**

## 재료

| | |
|---|---|
| 팽이버섯 | 1봉(100g) |
| 달걀 | 1개 |
| 대파 | 조금 |
| 당근 | 조금 |
| 소금 | 1/3t |
| 식용유 | 조금 |

팽이버섯은 밑동을 잘라내고 대파와 당근은 가늘게 채 썬다.

볼에 달걀과 소금을 넣고 잘 푼 뒤 **1**의 대파와 당근을 넣고 섞어준다.

팬을 달궈 기름을 두르고 **1**의 팽이버섯을 가지런히 펼친 다음 그 위에 **2**의 달걀물을 골고루 붓는다.

뒤집어 뒷면까지 익혀 완성한다.

### 겨울딸기's Tip

팽이버섯을 송송 다져서 달걀물에 섞어 부쳐내면 더 간단해요.

# 오이냉국

⏱ 조리 시간 **10분** | 🌡 냉장 보관 **3일**

## 재료

오이 … 1개

홍고추 … 조금

참기름 … 1/2t

다진 마늘 … 1t

국간장 … 1t

소금 … 1t

깨소금 … 2t

### 다시마물

다시마 … 2장

물 … 1+1/2컵

다시마물 재료를 볼에 담고 2시간 정도 우려낸다.

오이와 고명용 홍고추는 가늘게 채 썰고 마늘은
다져서 준비한다.

2의 오이에 다진 마늘, 국간장, 소금을 넣고 맛
이 배도록 살짝 무친다.

## 겨울딸기's Tip

• 다시마물은 전날 냉장고에 넣어
  우리거나 한번 끓였다가 식혀
  사용하면 더 진한 맛이 납니다.
• 입맛에 따라 식초, 설탕을 넣어
  새콤달콤한 맛으로도 즐길 수
  있어요.
• 불린 다시마를 가늘게 채 썰어 고
  명으로 올려도 좋아요.

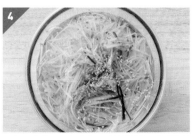

3의 오이에 1의 다시마 우린 물을 붓고 참기름을
넣은 뒤 깨소금을 뿌려 완성한다.

# 오이부추김치

⏱ 조리 시간 **10분** | 🌡 냉장 보관 **5일**

## 재료

오이 ⋯ 3개
부추 ⋯ 20g
양파 ⋯ 1/2개
꽃소금 ⋯ 1/2 T

### 양념

고춧가루 ⋯ 2+1/2T
액젓 ⋯ 1+1/2T
매실액 ⋯ 1T
다진 파 ⋯ 1T
다진 마늘 ⋯ 1/2T
통깨 ⋯ 1T

오이는 4~5등분한 뒤 길게 다시 4등분한 다음
소금을 고루 뿌려 15분 이내로 절인다.

부추도 오이 길이로 자르고 양파는 채 썰고, 양
념은 분량의 재료를 섞어 미리 개어둔다.

1의 절인 오이를 체에 밭쳐 물기를 빼고 2의 양
념을 2/3 정도 먼저 덜어 버무린다.

오이가 고루 버무려지면 2의 부추와 양파, 나머
지 양념을 마저 넣고 버무려 완성한다.

### 겨울딸기's Tip

• 부추는 마지막에 넣어 살짝만
  버무려야 풋내가 나지 않아요.
• 부추 없이 오이와 양파만 넣
  어 무쳐도 맛있습니다.

3주차

# 간단동치미

🕐 조리 시간 **10분** | 🌡️ 냉장 보관 **10일**

## 재료

무···1/2개

양파···1/2개

배···1/2개

청양고추···2개

마늘···3알

액젓···1T

물···1L

### 무 절임

설탕···1T

소금···1T

무는 새끼손가락 크기로 썰어 분량의 절임용 소금과 설탕을 넣어 버무려둔다.

양파, 배, 청양고추는 큼직하게 썰고, 마늘은 편 썬다.

용기에 **2**의 재료를 먼저 깐 뒤 **1**의 무를 넣고 물 1L를 붓는다.

실온에 하루 정도 두어 가장자리에 기포가 생기면 냉장고에 넣어 보관한다.

### 겨울딸기's Tip

• 양파와 배는 국물 맛을 내는 용도라 썰지 않고 잔 칼집만 내어 통으로 넣어도 괜찮습니다.

• 무를 절이고 나온 물도 버리지 말고 섞어 써야 간이 잘 맞아요.

# 연근샐러드

⏱ 조리 시간 **10분**　　🌡 냉장 보관 **3일**

## 재료

연근 … 1개(250g 내외)

### 연근 데침물

물 … 3컵

소금 … 2t

### 드레싱

마요네즈 … 3T

설탕 … 1T

소금 … 1/3t

레몬즙 … 1T

검은깨 … 2T

연근은 0.3cm 두께로 썰어 끓는 데침물에 살짝 데친 뒤 찬물에 헹궈 물기를 뺀다.

드레싱 재료 중 검은깨는 절구에 넣어 굵게 빻고 나머지 분량의 재료를 모두 넣고 잘 섞는다.

볼에 **1**의 연근을 옮겨 담고 **2**의 드레싱을 넣는다.

### 겨울딸기's Tip

- 연근은 데칠 때 소금을 넣어주면 저절로 밑간이 됩니다.
- 검은깨 대신 일반 통깨를 갈아 넣어도 됩니다. 레몬즙 대신 식초를 넣어도 괜찮아요.

연근에 드레싱이 고루 잘 묻도록 버무려 완성한다.

# CHAPTER 4

# 4주차 식단

# 4주차 장보기

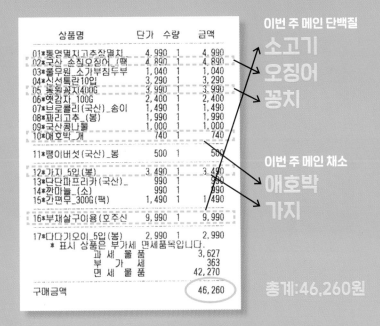

| 상품명 | 단가 | 수량 | 금액 |
|---|---|---|---|
| 01*통영멸치고추장멸치 | 4,990 | 1 | 4,990 |
| 02*국산_손질오징어_(팩 | 4,890 | 1 | 4,890 |
| 03*풀무원_소가부침두부 | 1,040 | 1 | 1,040 |
| 04*신선토란10입 | 3,290 | 1 | 3,290 |
| 05_동원꽁치400G | 3,990 | 1 | 3,990 |
| 06*햇감자_100G | 2,400 | 1 | 2,400 |
| 07*브로콜리(국산)_송이 | 1,490 | 1 | 1,490 |
| 08*꽈리고추_(봉) | 1,990 | 1 | 1,990 |
| 09*국산콩나물 | 1,000 | 1 | 1,000 |
| 10*애호박_개 | | 740 | 1 | 740 |
| 11*팽이버섯(국산)_봉 | 500 | 1 | 500 |
| 12*가지_5입(봉) | 3,490 | 1 | 3,490 |
| 13*단단파프리카(국산)_ | 990 | 1 | 990 |
| 14*깐마늘_(소) | 990 | 1 | 990 |
| 15*간편무_300G(팩) | 1,490 | 1 | 1,490 |
| 16*부채살구이용(호주산 | 9,990 | 1 | 9,990 |
| 17*다다기오이_5입(봉) | 2,990 | 1 | 2,990 |

```
 * 표시 상품은 부가세 면세품목입니다.
        과 세 물 품          3,627
        부 가 세             363
        면 세 물 품          42,270

구매금액                      46,260
```

**이번 주 메인 단백질**

소고기
오징어
꽁치

**이번 주 메인 채소**

애호박
가지

총계:46,260원

# 4주차 요리

감자고추장찌개

옛날두부조림

감자당근볶음

소고기채소볶음

구운가지무침

오이나물

꽁치마늘조림

고추양파된장무침

모둠채소전

견과류멸치볶음

무생채

치즈마요달걀말이

소고기뭇국

꽈리고추조림

오징어숙회

# 소고기채소볶음

🕙 조리 시간 **10분** | 🌡 냉장 보관 **3일**

## 재료

소고기(등심, 채끝, 치맛살 등)

··· 300g

양파··· 1/2개

파프리카··· 1/2개

새송이버섯··· 1개

가지··· 1/5개

대파··· 1/3개

데친 브로콜리··· 조금

굴소스··· 1t

식용유··· 조금

**소고기 밑간**

소금··· 조금

후춧가루··· 조금

소고기는 사방 2cm 두께로 도톰하게 썰어 소금, 후춧가루로 밑간을 한다.

양파, 파프리카, 버섯, 가지, 대파는 고기와 비슷한 크기로 썰어준다.

팬을 달궈 기름을 두르고 **1**의 고기를 먼저 볶다가 겉면이 갈색으로 변하기 시작하면 한쪽으로 밀고 **2**의 채소를 넣어 소금 두 꼬집을 넣고 재빨리 볶는다.

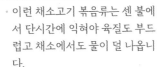

겨울딸기's Tip

· 이런 채소고기 볶음류는 센 불에서 단시간에 익혀야 육질도 부드럽고 채소에서도 물이 덜 나옵니다.

· 고기와 채소를 한꺼번에 같이 볶으면 팬의 온도가 내려가서 익는 시간이 길고 수분이 나와 질척일 수 있어요.

**3**의 팬에 굴소스 1t을 넣고 채소, 고기와 고루 섞이도록 볶아 완성한다.

# 감자고추장찌개

⏱ 조리 시간 **15분** | 🌡 냉장 보관 **3일**

### 재료

| | |
|---|---|
| 소고기(등심, 양지) | 150g |
| 감자 | 1개 |
| 호박 | 1/4개 |
| 양파 | 1/2개 |
| 대파 | 1/2개 |
| 마늘 | 2개 |
| 참기름 | 조금 |

### 고기 밑간

| | |
|---|---|
| 맛술 | 1T |
| 후춧가루 | 조금 |

### 국물

| | |
|---|---|
| 멸치육수 | 3컵 |
| 고추장 | 1+1/2T |
| 된장 | 1/2T |
| 고춧가루 | 1t |
| 국간장 | 1t |

소고기는 후춧가루와 맛술로 밑간을 해둔다. 대파는 어슷하게 썰고 감자, 호박, 양파는 큼직하게 썰어준다.

냄비에 참기름을 두르고 **1**의 밑간한 소고기와 굵게 으깬 마늘과 넣어 볶다가 고기의 겉면이 갈색이 날 때 멸치육수를 넣는다.

**2**의 냄비에 **1**의 감자, 호박, 양파를 넣고 한소끔 끓인다.

끓어오르면 중약 불로 줄이고 된장과 고추장, 고춧가루를 풀어 넣고 감자가 익으면 **1**의 대파를 넣어 마무리한다. 부족한 간은 국간장으로 맞춘다.

---

### 겨울딸기's Tip 🗑

• 차돌박이를 넣어 끓여도 좋습니다.
• 고추장찌개는 채소를 큼직하게 썰어야 더 먹음직스럽습니다.
• 시판 고추장은 달짝지근한 맛이 강하고 집고추장은 염도가 더 있는 편이에요. 맛을 보고 입맛에 따라 조절하도록 하세요.

# 소고기뭇국

⏱ 조리 시간 **15분**  |  🌡 냉장 보관 **3일**

## 재료

| | |
|---|---|
| 소고기(양지, 등심) | …200g |
| 무 | …1/5개 |
| 대파 | …1/2개 |
| 마늘 | …3개 |
| 국간장 | …1T |
| 멸치육수 | …6컵 |
| 참기름 | …조금 |

**소고기 밑간**

| | |
|---|---|
| 맛술 | …1T |
| 후춧가루 | …조금 |

소고기는 키친타월을 이용해 핏물을 뺀 뒤 후춧가루, 맛술로 밑간을 해둔다. 무는 나박 썰기 하고 대파는 모양대로 송송 썰어 준비한다.

냄비에 참기름을 두르고 굵게 으깬 마늘을 먼저 넣어 볶아 향을 낸 다음 1의 소고기를 볶는다.

2의 소고기 표면이 익으면 1의 무를 넣고 한 번 더 볶아준다.

3의 냄비에 멸치육수를 넣고 뚜껑을 닫고 중강불에서 끓이다 무가 투명하게 익으면 국간장으로 간을 하고 송송 썬 대파를 넣어 완성한다.

### 겨울딸기's Tip

• 무가 어중간하게 남으면 도톰하게 나박 썰기 하여 냉동실에 얼려두면 국 끓일 때 편리하게 사용할 수 있어요.

• 무와 고기에서 육수가 우러나므로 만들어둔 멸치육수에 물을 섞어 연하게 써도 괜찮습니다.

• 중간중간 생기는 거품은 걷어내야 국물이 맑아요.

# 오징어숙회

🕐 조리 시간 **10분**  |  🌡 냉장 보관 **3일**

### 재료

오징어 … 1마리

브로콜리 … 5조각

당근 … 조금

물 … 3T

**초고추장**

고추장 … 2T

식초 … 1T

매실액 … 1T

깨소금 … 1T

통오징어는 내장을 빼고 잘 씻은 뒤 몸통이 약간씩 붙어 있도록 끝부분을 1cm 정도 남기고 가위집을 낸다.

브로콜리와 당근은 한입 크기로 잘라준다.

바닥이 도톰한 냄비에 오징어와 브로콜리, 당근, 물 3T을 넣고 뚜껑을 닫아 중간 불에서 끓이다 김이 나면 아주 약한 불로 줄여 1분 정도 더 익혀준다.

### 겨울딸기's Tip

• 오징어의 모양을 살려 썬 뒤 삶아내면 훨씬 먹음직스럽게 담아낼 수 있습니다.

• 저수분으로 익히는 요리는 영양 손실을 줄일 수 있어 좋아요. 이때 불을 끄는 시간을 놓치면 수분이 졸아들어 오징어 물기가 다 마를 염려가 있으니 주의하세요.

분량의 재료로 초고추장을 만들어 **3**의 익힌 오징어와 채소를 곁들여낸다.

# 꽁치마늘조림

⏱ 조리 시간 **15분** | 🌡 냉장 보관 **3일**

## 재료

| | |
|---|---|
| 꽁치 통조림 | ··· 1통(400g) |
| 대파 | ··· 1/4개 |
| 청양고추 | ··· 1개 |
| 마늘 | ··· 10알 |
| 통깨 | ··· 조금 |

### 양념

| | |
|---|---|
| 김치국물 | ··· 1/2컵 |
| 멸치육수 | ··· 1/2컵 |
| 간장 | ··· 1+1/2T |
| 고춧가루 | ··· 1/2T |
| 생강술 | ··· 1T |
| 후춧가루 | ··· 조금 |

### 겨울딸기's Tip

- 김칫국물은 감칠맛 내는 최고의 양념입니다. 김치 맛과 어울리는 조림류의 맛을 낼 때 활용해 보세요.
- 국물이 너무 많으면 뚜껑을 열고 센 불에서 수분을 날려주세요.

꽁치는 체에 밭쳐 통조림 국물을 빼둔다.

대파와 청양고추는 큼직하게 썰어 준비한다.

냄비에 **1**의 재료를 넣은 뒤 분량의 재료로 만든 양념과 마늘을 얹고 중강 불에서 끓인다.

끓기 시작하면 뚜껑을 닫고 약한 불에서 뭉근하게 조린다. 국물이 3~4T 남으면 불을 끄고 통깨를 뿌려 완성한다.

# 옛날두부조림

⏱ 조리 시간 **10분** | 🌡 냉장 보관 **3일**

## 재료

두부 … 1모(300g)

쪽파 … 1줄기

들기름 … 1T

통깨 … 조금

식용유 … 1T

**양념**

만능 양념장 … 1~2T

물 … 1/2컵

두부는 1cm 두께로 도톰하게 썰어 키친타월을 이용해 겉면의 물기를 닦아준다.

고명용 쪽파는 1cm 길이로 썰고, 분량의 만능 양념장에 물을 섞어 양념을 미리 만들어둔다.

달군 팬에 들기름과 식용유를 두르고 **1**의 두부를 넣어 앞뒷면을 노릇하게 굽다가 **2**의 양념을 넣는다.

양념 국물을 두부 위로 끼얹어가며 조리다가 국물이 2~3숟가락 남았을 때 불을 끄고 **2**의 쪽파 고명과 통깨를 뿌려 완성한다.

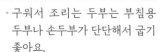

### 겨울딸기's Tip

• 구워서 조리는 두부는 부침용 두부나 손두부가 단단해서 굽기 좋아요.

• 뜨거운 팬에 양념을 넣을 때는 불을 잠시 끄고 부어주어야 양념이 튀지 않습니다.

# 치즈마요달걀말이

| ⏱ 조리 시간 **10분** | 🌡 냉장 보관 **3일** |

## 재료

달걀···4개

자투리 채소(당근, 양파, 대파 등)
··· 1/2컵

마요네즈···1T

피자치즈···약간

소금···1/3t

자투리 채소는 작게 다져 준비한다.

볼에 달걀, **1**의 다진 채소, 마요네즈, 소금을 넣고 골고루 섞어준다.

달군 팬에 기름을 두르고 중약 불로 줄인 다음 **2**의 달걀물을 한 차례 부어 바닥이 2/3쯤 익으면 말기 시작한다.

### 겨울딸기's Tip

- 달걀말이를 만들 때 달걀물에 마요네즈를 넣어보세요. 부드럽고 촉촉한 맛을 낼 수 있습니다.
- 달걀물을 한꺼번에 부으면 두꺼워져서 잘 말리지 않아요. 조금씩 나눠 붓고 마는 과정을 반복해야 속까지 잘 익고 모양도 예쁘게 만들 수 있어요.

달걀을 마는 중간에 준비한 피자치즈를 넣고 마저 말아 완성한다.

# 감자당근볶음

⏱ 조리 시간 **10분**　　🌡 냉장 보관 **3일**

### 재료

| | |
|---|---|
| 감자 | ⋯ 1개 |
| 당근 | ⋯ 1/5개 |
| 청양고추 | ⋯ 1개 |
| 소금 | ⋯ 1/3t |
| 참기름 | ⋯ 1t |
| 통깨 | ⋯ 1t |
| 식용유 | ⋯ 조금 |

감자는 곱게 채 썬 뒤 찬물에 담가 전분기를 뺀다. 당근은 채 썰고 청양고추는 어슷하게 썬 뒤 가볍게 털어 씨를 뺀다.

**1**의 감자는 체에 밭쳐 물기를 뺀다.

달군 팬에 기름을 두르고 **1**의 청양고추를 넣어 매콤한 맛을 먼저 낸 뒤 **2**의 감자와 **1**의 당근을 넣고 볶는다.

감자가 2/3 정도 살캉하게 익으면 소금을 넣어 간을 한 뒤 참기름, 통깨를 뿌리고 불을 끈 후 뚜껑을 덮어 잔열로 재료 속까지 마저 익혀준다.

## 겨울딸기's Tip

- 감자를 옅은 소금물에 30분 정도 담가두면 간도 배고 볶을 때 쉽게 부서지지 않아요. 표면의 전분기가 제거되어 팬에도 잘 눌어붙지 않는답니다.
- 파, 마늘이 들어가지 않는 대신 청양고추가 들어가면 칼칼하니 맛납니다.
- 감자를 볶다가 기름이 부족할 때 식용유 대신 물을 한 숟가락씩 넣어 볶아주면 더 담백하게 조리할 수 있어요.

4
주
차

# 구운가지무침

⏱ 조리 시간 **10분** | 🌡 냉장 보관 **3일**

**재료**

가지 ··· 2개

참기름 ··· 1/2T

통깨 ··· 약간

식용유 ··· 약간

**양념**

간장 ··· 2t

국간장 ··· 1t

고춧가루 ··· 1t

다진 파 ··· 1T

다진 마늘 ··· 1t

가지는 모양 살려 0.5cm 두께로 썰고 양념은 분량의 재료를 섞어 만들어둔다.

팬을 달궈 기름을 두르고 **1**의 가지를 앞뒤로 노릇하게 구워준다.

**2**의 구운 가지를 볼에 담고 **1**의 양념을 넣는다.

가지에 양념이 골고루 배도록 잘 섞은 뒤 참기름과 통깨를 뿌려 완성한다.

겨울딸기's Tip

식용유를 많이 두르면 가지가 느끼해집니다. 식용유를 두른 후 키친타월로 살짝 닦아내고 남은 정도면 충분합니다. 아예 기름을 두르지 않고 구워도 담백하니 맛있어요.

171

# 꽈리고추멸치조림

| ⏱ 조리 시간 **10분** | 🌡 냉장 보관 **3일** |

### 재료

꽈리고추…200g

손질한 국물용 멸치…1컵

올리고당…1T

물…1컵

통깨…조금

**양념**

간장…2T

액젓…1T

설탕…1T

맛술…1T

다진 마늘…1T

식용유…1T

꽈리고추는 큼직하게 2~3등분하고, 국물용 멸치는 살만 바른 뒤 전자레인지에 1분 정도 돌린 다음 식혀서 굵게 부순다.

바닥이 도톰한 냄비에 **1**의 꽈리고추와 국물용 멸치를 넣는다.

**2**의 냄비에 재료가 잠길 정도의 물을 붓고 분량의 재료로 만들어둔 양념을 넣어 끓기 시작하면 중약 불로 줄여 수분을 날리듯 조린다.

**3**의 국물이 자박하게 졸아들면 올리고당을 두르고 통깨를 뿌려 완성한다.

겨울딸기's Tip

• 멸치는 조리 전 전자레인지에 돌려주면 비린 맛도 날아가고 식으면 바삭해져서 잘 부서집니다.

• 꽈리고추는 잘라 찬물에 한번 헹구거나 털어서 씨를 제거하면 음식이 더 깔끔하게 나옵니다.

# 견과류멸치볶음

| ⏱ 조리 시간 **10분** | 🌡 냉장 보관 **7일** |

### 재료

멸치 … 1+1/2컵

견과류(호두, 아몬드, 캐슈너트 등)

 … 1/2컵

마늘 … 3알

올리고당 … 2T

통깨 … 조금

식용유 … 1+1/2T

**양념**

간장 … 1t

설탕 … 1t

생강술 … 1T

청주 … 1T

멸치는 부스러기를 털어내고 마늘은 얇게 편 썰어 준비한다.

팬을 달궈 식용유를 두르고 **1**의 편 썬 마늘을 넣어 겉면이 연한 갈색을 띠기 시작하면 멸치를 넣고 타닥 볶이는 소리가 날 때까지 볶은 다음 다른 그릇에 덜어둔다.

**2**의 팬에 분량의 재료로 만든 양념을 넣고 한번 끓인 뒤 불을 줄이고 덜어뒀던 **2**의 멸치와 마늘, 준비한 견과류를 넣고 버무린다.

불을 끄고 마지막으로 올리고당을 넣고 한번 더 버무린 뒤 통깨를 뿌려 완성한다.

**겨울딸기's Tip**

• 호두는 끓는 물에 넣어 5초 정도 휘휘 한번 저었다 뺀 뒤 마른 팬에 볶거나 오븐에 살짝 구워주면 떫은맛도 빠지고 고소한 맛이 더해집니다.

# 오이나물

| ⏱ 조리 시간 **10분** | 🌡 냉장 보관 **3일** |

## 재료

오이 … 2개
다진 마늘 … 1t
참기름 … 1/2T
통깨 … 조금

**오이 절임**

소금 … 1/2t

오이는 0.3cm 두께로 모양 살려 썰어준다.

**1**의 오이에 분량의 절임용 소금을 넣고 10분 정도 절인 다음 물기를 뺀다.

팬을 달궈 기름을 두르고 다진 마늘을 넣어 향을 낸 다음 **2**의 오이를 넣는다.

## 겨울딸기's Tip

• 위생봉투에 오이와 소금을 넣은 뒤 공기를 쫙 빼고 압축해 묶어 절이면 적은 소금 양으로 빨리 절일 수 있어요.
• 오이나물은 조리 후 열기가 남아 있는 프라이팬에 그대로 두면 색이 누렇게 변해요. 다 볶은 후에는 바로 넓은 쟁반에 펼쳐놓고 식혀주세요.

센 불에 코팅하듯 1분 이내로 재빨리 볶고 참기름과 통깨를 넣은 뒤 한김 식혀 완성한다.

# 모둠채소전

| ⏱ 조리 시간 **15분** | 🌡 냉장 보관 **3일** |

### 재료

| | |
|---|---|
| 호박 | ⋯ 1/2개 |
| 당근 | ⋯ 1/3개 |
| 가지 | ⋯ 1/2개 |
| 부침가루 | ⋯ 1/2컵 |
| 달걀 | ⋯ 2개 |
| 소금 | ⋯ 1/3t |
| 식용유 | ⋯ 조금 |

호박, 당근, 가지는 각각 0.5cm 두께로 썰어 준비한다.

**1**의 채소에 부침가루를 골고루 입힌다.

달걀에 소금을 넣어 푼 뒤 **2**의 채소에 달걀물을 입혀준다.

### 겨울딸기's Tip

• 단단한 당근은 물 1T을 넣고 랩을 씌워 한두 군데 구멍을 낸 뒤 전자레인지에 넣고 1분 이내로 살짝 익힌 다음 부치면 겉면도 타지 않고 속까지 익은 전을 만들 수 있어요.

• 위생봉투에 부침가루와 채소를 넣고 공기를 넣은 뒤 흔들어주면 적은 양의 가루로도 채소 전체를 고루 묻힐 수 있어요.

팬을 달궈 기름을 두르고 앞뒤로 노릇하게 부쳐낸다.

# 무생채

⏱ 조리 시간 **10분**　🌡 냉장 보관 **7일**

## 재료

무···1/3개(500g)

쪽파···3줄기

고춧가루···2T

꽃소금···1T

통깨···조금

### 양념

설탕···1T

액젓···1/2T

식초···1T

다진 마늘···1T

생강즙···1/2t

무는 껍질을 벗기고 채 썬 뒤 꽃소금을 뿌려 20분 정도로 절여준다.

1의 무는 체에 밭쳐 물기를 빼두고 쪽파는 1cm 길이로 송송 썰고, 양념은 분량의 재료를 섞어 미리 만들어둔다.

2의 무채에 고춧가루를 먼저 넣어 빨갛게 색이 나도록 고루 무친다.

3의 무채에 2의 양념을 넣고 버무린 뒤 1의 쪽파, 통깨를 넣고 버무려 완성한다.

겨울딸기's Tip

금방 절여서 먹는 김치는 굵은소금보다 중간 입자인 꽃소금을 사용하면 빨리 녹아 좋습니다.

# 고추양파된장무침

| ⏱ 조리 시간 **5분** | 🌡 냉장 보관 **3일** |

### 재료

오이고추 … 5개

양파 … 1/4개

**양념**

된장 … 1+1/2T

고춧가루 … 1t

다진 파 … 2t

다진 마늘 … 1t

올리고당 … 1T

통깨 … 1t

고추와 양파는 한입 크기로 썬다.

볼에 분량의 양념 재료를 모두 넣고 잘 섞어준다.

**1**의 채소를 넣는다.

고추와 양념이 잘 섞이도록 골고루 버무려 완성한다.

---

### 겨울딸기's Tip

• 매콤한 맛을 원한다면 오이고추 대신 풋고추를 넣어보세요.

• 고추와 양념을 따로 준비해 두었다가 먹기 직전에 바로 무쳐야 맛있어요. 미리 무쳐놓으면 물이 생겨 양념이 겉돌아요.

# CHAPTER 5

# 반찬 없이 차리는 빠른 한 그릇

# 고구마감자밥 + 미니달걀찜

🕐 조리 시간 **25분**

| 재료 | 2인분 |
|---|---|
| **고구마감자밥** | |
| 쌀…1+1/2컵 | |
| 물…1+1/2컵 | |
| 고구마…1개 | |
| 감자…1/2개 | |
| | |
| **달걀찜** | |
| 달걀…2개 | |
| 멸치육수…1/2컵 | |
| 자투리 채소(당근, 쪽파, 양파 등) | |
| …1/3컵 | |
| 참기름…1t | |
| 소금…1/2t | |

쌀은 30분 정도 불린 다음 체에 받쳐 물기를 빼고, 달걀은 분량의 멸치육수와 자투리 채소, 소금, 참기름을 넣고 잘 섞는다.

감자, 고구마는 큼직하게 한입 크기로 썬 뒤 찬물에 담가 전분기를 걷어둔다.

냄비에 **1**의 불린 쌀, **2**의 감자, 고구마를 올리고 냄비 가운데 **1**의 달걀물을 담은 스테인리스 종지를 올린 다음 분량의 물을 조심스럽게 붓는다.

## 겨울딸기's Tip

- 이 방법처럼 밥과 달걀찜을 한 번에 같이 할 때는 가급적 넓은 냄비를 사용하는 게 좋아요.
- 불린 쌀은 체에 받쳐 최대한 물기를 빼서 사용하세요. 그래야 쌀과 물을 동량으로 잡았을 때 밥이 질척거리지 않아요.

뚜껑을 닫고 중강 불에 5분, 약한 불로 줄여 15분 정도 끓여 완성한다.

# 전복버터밥

⏱ 조리 시간 **25분**

| 재료 | 2인분 |
|------|-------|
| 쌀 … 1+1/2컵 | |
| 물 … 1+1/2컵 | |
| 전복 … 3마리 | |
| 버터 … 1T | |
| 간장 … 2t | |
| 맛술 … 1T | |

쌀은 30여 분 불린 후 체에 밭쳐 물기를 뺀다.

전복은 내장과 이빨을 제거하고 한입 크기로 썰고, 내장은 물 1/2컵을 넣고 믹서에 갈아둔다.

냄비에 버터를 두르고 쌀과 **2**의 전복을 넣고 볶다가 **2**의 내장 간 물과 간장, 맛술을 더해 쌀과 동량인 물 1+1/2컵을 만들어 붓는다.

## 겨울딸기's Tip

• 내장을 가는 게 번거롭다면 굵게 다져서 전복과 같이 볶아 밥을 지어도 괜찮습니다.

• 밥물을 잡을 때 내장 갈은 물과 기타 액체 재료까지 합쳐서 쌀과 동량이 되도록 물을 조절해서 넣으세요.

• 간이 좀 싱겁다고 느껴지면 비빌 때 버터와 간장을 추가해도 맛있어요.

중강 불에서 5분, 약한 불로 줄여 15분 이내로 솥밥을 지어낸다.

# 모듬해산물영양밥

⏱ 조리 시간 **30분**

| 재료 | 2인분 |
|---|---|
| 쌀 … 1+1/2컵 | |
| 물 … 1+1/2컵 | |
| 칵테일새우 … 1컵 | |
| 오징어 … 1/2마리 | |
| 다시마 … 1장(사방 10cm 크기) | |
| 당근 … 조금 | |

**해물 밑간**

| | |
|---|---|
| 생강술 … 1T | |
| 후춧가루 … 조금 | |

쌀은 30분 불려 체에 밭쳐 준비한다.

링 모양으로 자른 오징어와 칵테일새우는 생강술과 후춧가루로 밑간을 해둔다. 다시마는 물에 헹구었다가 가위로 길쭉하게 자른다.

냄비에 **1**의 쌀, 쌀과 동량의 물, **2**의 다시마를 넣어 중강 불에서 5분 정도 끓이다가 약한 불로 줄여 10분 정도 더 끓인다.

밥이 완성되기 5분 전쯤 **2**의 밑간한 해산물의 물기를 뺀 뒤 밥 위에 올려 마저 뜸을 들인다.

### 겨울딸기's Tip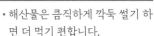

• 해산물은 큼직하게 깍둑 썰기 하면 더 먹기 편합니다.
• 해산물은 금방 익는 데다 너무 익히면 식감이 질겨져요. 처음부터 넣지 말고 밥이 완성되기 5분 전쯤 넣어주세요.

# 뿌리채소영양밥

🕐 조리 시간 **25분**

| 재료 | 2인분 |
|---|---|
| 쌀 … 1+1/2컵 | |
| 물 … 1+1/2컵 | |
| 뿌리채소(연근, 우엉, 당근) … 1컵 | |
| 국간장 … 1t | |
| 들기름 … 1t | |

쌀을 씻어 30분 정도 불린 뒤 물기를 뺀다.

준비한 뿌리채소는 한입 크기로 썰거나 다진다.

2의 채소에 국간장과 들기름을 넣어 조물조물 무쳐 간을 한다.

1의 불린 쌀과 3의 채소를 넣고 불리기 전 쌀과 동량의 물을 넣은 다음 백미 취사 버튼을 눌러 밥을 한다.

### 겨울딸기's Tip

• 채소가 들어가는 솥밥은 찹쌀을 10% 정도 섞어 지으면 식감이 더 좋아요.

193

# 모둠버섯영양밥

🕐 조리 시간 **25분**

| 재료 | 2인분 |
|---|---|
| 쌀…1+1/2컵 | |
| 물…1+1/2컵 | |
| 버섯(표고, 느타리, 새송이 등) …200g | |

**버섯 밑간**

들기름…1T

소금…조금

버섯은 한입 크기로 썰거나 찢은 다음 팬에 넣고 기름 없이 살짝 볶아 수분을 날린 뒤 소금, 들기름으로 밑간을 한다.

냄비에 30분간 불린 쌀, 동량의 물을 부어 중강 불로 5분, 중약 불로 줄여 15분 이내로 밥을 짓는다.

밥이 다 되면 **2**의 밥에 **1**의 볶아둔 버섯을 올린다.

## 겨울딸기's Tip

- 냄비 밥 짓기 생각보다 쉬워요. 불꽃이 냄비 밖으로 벗어나지 않는 선의 중강 불에서 5분간 끓이다 밥물이 끓기 시작하면 약한 불로 줄여 15분 정도만 더 끓이면 완성됩니다.
- 종류에 상관없이 자투리 버섯을 한꺼번에 처리하기 좋아요.
- 버섯의 수분을 날려 밥에 넣으면 식감도 쫄깃해지고 밥이 질척해지는 것도 막을 수 있어요.

**3**의 밥을 1분 정도 더 뜸을 들인 후 골고루 섞어 완성한다.

# 시래기밥

🕐 조리 시간 **25분**

빠른 한 그릇

| 재료 | 2인분 |
|---|---|
| 쌀 … 1+1/2컵 | |
| 물 … 1+1/2컵 | |
| 삶은 시래기(물기 짠 것) | |
| … 100g | |

**시래기 밑간**

국간장 … 2t

들기름 … 1T

쌀은 불려서 체에 받쳐 준비하고 시래기는 1~ 2cm 길이로 썬 뒤 분량의 국간장과 들기름을 넣고 조물조물 무쳐준다.

전자밥솥에 **1**의 쌀과 양념한 시래기를 넣은 뒤 쌀과 동량의 물을 부어 취사 버튼을 눌러 밥을 짓는다.

## 겨울딸기's Tip

- 삶은 시래기는 겉껍질을 벗겨내 고 넣으면 더 부드럽습니다.
- 취사가 완료되면 바로 주걱으로 밥통의 밥을 골고루 섞어줘야 시 래기와 밥이 따로 놀지 않아요.
- 무를 채 썰어 넣어도 잘 어울립 니다.

# 콩나물소고기밥

⏱ 조리 시간 **25분**

| 재료 | 2인분 |
|---|---|
| 쌀…1+1/2컵 | |
| 물…1+1/2컵 | |
| 콩나물…2줌(200g) | |
| 소고기 소보로…2개 | |

쌀은 30분 정도 불린 다음 체반에 밭쳐둔다.

1의 불린 쌀에 씻은 콩나물과 소고기 소보로를 올리고 쌀과 동량의 물을 넣은 다음 중간 불에서 5분, 약한 불에서 15분간 끓여 밥을 짓는다.

## 겨울딸기's Tip

• 소고기 소보로는 이미 고기가 익은 상태이기 때문에 밥을 뜸을 들일 때 넣어 섞어도 괜찮아요. 소고기 소보로 만드는 법은 22쪽을 참조하세요.
• 양념장을 만들어 같이 비벼 먹으면 더 맛있습니다. 286쪽의 '달래양념장'을 참고하세요.

빠른 한 그릇

# 대파달걀볶음밥

🕐 조리 시간 **10분**

| 재료 | 1인분 |
| --- | --- |
| 밥 … 1공기 | |
| 달걀 … 1개 | |
| 대파 … 1/2개 | |
| 굴소스 … 1t | |
| 참기름 … 1t | |
| 통깨 … 1t | |
| 소금 … 조금 | |
| 후춧가루 … 조금 | |
| 식용유 … 조금 | |

대파는 송송 썰고, 달걀은 소금 두 꼬집을 넣어 잘 섞어준다.

기름을 두른 팬에 **1**의 달걀물을 넣고 부드럽게 저으며 볶은 뒤 다른 그릇에 덜어둔다.

팬에 **1**의 대파, 소금, 후춧가루를 넣어 향이 올라오도록 볶다가 준비해둔 밥을 넣고 굴소스를 넣어 간을 하면서 섞어준다.

### 겨울딸기's Tip

- 팬에 달걀물을 붓고 1/3쯤 익었을 때 전체적으로 섞어주듯 저어주면서 스크램블에그처럼 만드세요.
- 스크램블은 센 불에서 만들면 달걀이 금방 익어 딱딱해지므로 중약 불에서 저으며 익혀줍니다.
- 굳은 찬밥으로 볶음밥을 할 때는 전자레인지에 살짝 돌려 미지근한 상태로 사용해야 쉽게 조리할 수 있습니다.

**3**의 팬에 **2**의 덜어둔 달걀을 넣고 한번 더 섞은 뒤 참기름과 통깨를 넣어 완성한다.

# 새우카레볶음밥

🕐 조리 시간 **10분**

| 재료 | 1인분 |
|---|---|
| 밥 … 1공기 | |
| 칵테일새우 … 1컵 | |
| 양파 … 1/4개 | |
| 파프리카 … 1/5개 | |
| 쪽파 … 2줄기 | |
| 카레가루 … 1T | |
| 참기름 … 1T | |
| 통깨 … 조금 | |
| 소금 … 조금 | |

양파, 파프리카, 쪽파는 잘게 다지고 칵테일새우는 꼬리를 떼어내고 한입 크기로 썬다.

달군 팬에 기름을 두르고 자투리 채소와 새우를 볶다가 소금 한 꼬집을 넣어 간을 한다.

**2**의 재료를 한켠으로 밀고 준비한 밥과 카레가루를 넣는다.

재료에 카레가루 색이 골고루 입혀질 정도로 볶은 다음 모자라는 간은 소금으로 맞추고 참기름과 통깨, 쪽파를 넣어 마무리한다.

### 겨울딸기's Tip

볶음밥용으로는 고슬한 밥이 좋아요. 덩어리진 찬밥일 경우 전자레인지에 30초 정도 살짝 데워 사용하면 밥이 잘 풀어져 볶기도 수월하고 간도 고루 배입니다.

# 꼬막비빔밥

조리 시간 **10분**

| 재료 | 2인분 |
| --- | --- |
| 밥…2공기 | |
| 자숙 꼬막…2컵 | |
| 쪽파…3줄기 | |
| 청양고추…1개 | |

**양념장**

| | |
| --- | --- |
| 진간장…2T | |
| 매실액…1T | |
| 고춧가루…1T | |
| 다진 마늘…1t | |
| 참기름…1T | |
| 통깨…1T | |
| 후춧가루…조금 | |

자숙 꼬막은 체에 밭쳐 뜨거운 물을 한번 끼얹은 다음 식힌다.

고추는 얇게 링 모양으로 썰고 쪽파는 3cm 길이로 썰어준다.

분량의 재료를 모두 섞어 양념장을 만든다.

1의 자숙 꼬막과 2의 채소를 볼에 담고 3의 양념장을 넣고 잘 버무린 다음 밥 위에 올려 완성한다.

## 겨울딸기's Tip

• 삶아 나온 꼬막을 다시 뜨거운 물에 데치면 질겨질 수 있어요. 체에 밭쳐 가볍게 뜨거운 물로 샤워시키는 정도면 충분합니다.
• 황태미역국과 함께 먹기 좋은 메뉴예요. 만드는 법은 274쪽을 참조하세요.

# 콩나물들깨국밥

🕐 조리 시간 **10분**

| 재료 | 1인분 |
|------|------|
| 밥 … 2/3공기 | |
| 콩나물 … 1줌(100g) | |
| 달걀 … 1개 | |
| 대파 … 1개 | |
| 멸치육수 … 2+1/2컵 | |
| 들깻가루 … 2T | |
| 새우젓 … 1t | |

콩나물은 씻어 준비하고 대파는 모양대로 송송 썰어 준비한다.

분량의 멸치육수에 콩나물을 넣고 끓기 시작하면 분량의 밥을 넣는다.

육수가 한소끔 끓으면 달걀을 깨트려 넣고 새우젓으로 간을 맞추고 1의 대파와 들깻가루를 넣어 완성한다.

## 겨울딸기's Tip

처음부터 밥과 콩나물을 같이 넣고 끓이면 밥이 빨리 퍼져 죽처럼 됩니다. 콩나물부터 먼저 끓인 뒤 밥을 넣어주세요.

# 5분 카레밥

 조리 시간 **5분**

| 재료 | 1인분 |
|------|-------|
| 밥 … 1공기 | |
| 고형 카레 … 1+1/2개 | |
| 소고기 소보로 … 1개 | |
| 채소 큐브 … 2개 | |
| 물 … 1+1/2컵 | |

냄비에 분량의 고형 큐브 카레, 냉동해둔 소고기 소보로, 채소 큐브, 물을 한꺼번에 넣고 그대로 끓인다.

물이 끓으면서 채소 큐브와 소고기 소보로가 풀어지면 고형 카레가 잘 풀어지도록 저어 완성한다.

## 겨울딸기's Tip 🗑

• 카레가루를 넣을 경우 처음부터 넣지 말고 채소와 소고기가 풀어진 후 넣고 저으면서 덩어리지지 않게 풀어주세요.
• 소고기 소보로 만드는 법은 22쪽, 채소 큐브 만드는 법은 23쪽을 참조하세요.

# 소고기버섯죽

⏱ 조리 시간 **30분**

## 재료      2인분

쌀…1컵

양송이버섯…3장

자투리 채소(당근, 양파, 호박)…
1/2컵

소고기 소보로…2개

멸치육수…5컵

국간장…2t

소금…조금

참기름…1T

쌀은 30분 정도 불려 체에 밭쳐 물기를 뺀다.

버섯은 큼직하게 썰고 채소는 잘게 다진다.

냄비를 달구어 참기름을 두르고 **1**의 쌀과 **2**의
채소를 볶는다.

### 겨울딸기's Tip

· 쌀에 찹쌀을 섞어 넣으면 죽을
완성했을 때 찰기가 있어 좋아
요.

· 쌀은 겉면이 투명해질 정도로
만 가볍게 볶습니다.

· 냉동해둔 찹쌀밥과 채소 큐브
를 이용하면 10분 정도면 뚝
딱 만들 수 있어요.

**3**의 냄비에 분량의 멸치육수를 붓고 끓기 시작
하면 준비한 소고기 소보로를 넣고 중약 불로
줄여 20분 정도 끓인 뒤 국간장으로 간을 한다.
부족한 간은 소금으로 조절한다.

# 새우채소죽

⏱ 조리 시간 **10분**

## 재료          1인분

찹쌀밥 … 1덩이(150g)

칵테일새우 … 1컵

자투리 채소(호박, 당근 양파 등)

  … 적당량

쪽파 … 조금

멸치육수 … 2컵

참기름 … 1T

국간장 … 1t

새우는 한입 크기로 썰고, 준비한 자투리 채소는 잘게 다진다.

냄비에 참기름 1T을 두르고 1의 새우와 채소를 넣고 기름 코팅 하듯 살짝만 볶는다.

2의 냄비에 찹쌀밥 1덩이와 분량의 멸치육수를 넣어준다.

### 겨울딸기's Tip

• 새우와 채소는 다시 끓일 거라 과정 2에서 완전히 익히지 않아도 됩니다.

• 죽은 소금으로 간을 하는 것보다 국간장으로 간을 해야 깊은 맛이 납니다.

• 찹쌀밥 만드는 법은 25쪽을 참조하세요.

찹쌀밥이 풀어지면 국간장으로 간을 하고 쪽파를 고명으로 올려 완성한다.

# 닭가슴살들깨죽

⏱ 조리 시간 **10분**

| 재료 | 1인분 |
|---|---|
| 찹쌀밥… 1덩이(150g) | |
| 삶은 닭가슴살… 1/3쪽(50g) | |
| 큐브 채소… 1개(40g) | |
| 멸치육수… 2컵 | |
| 들깻가루… 2T | |
| 국간장… 1t | |

냄비에 결대로 찢은 삶은 닭가슴살, 큐브 채소,
찹쌀밥, 분량의 멸치육수를 한꺼번에 넣어준다.

육수가 끓기 시작하면서 찹쌀밥이 풀어지면
들깻가루를 넣고 국간장으로 간을 맞추어 완
성한다.

### 겨울딸기's Tip

- 만들어둔 멸치육수가 없을 때 물
  에 참치액 1작은술 정도를 넣어주
  면 빠르게 감칠맛을 낼 수 있어요.
- 색감을 더해 비주얼을 살리고 싶
  을 때는 쪽파를 곁들여주세요.

# 들깨버섯칼국수

⏱️ 조리 시간 **15분**

## 재료 　1인분

생면 … 1인분

표고버섯 … 1개

느타리버섯 … 조금

자투리 채소(당근, 호박 등)

　… 적당량

멸치육수 … 2+1/2컵

들깻가루 … 4T

국간장 … 2t

표고버섯은 편으로 썰고 느타리버섯은 찢고, 당근과 호박은 가늘게 채 썬다.

냄비에 분량의 멸치육수를 넣고 끓기 시작하면 준비한 생면을 넣는다.

2의 면이 반쯤 익으면 1의 버섯과 채소를 넣는다.

### 겨울딸기's Tip

• 생면은 체에 밭쳐 흐르는 물에 한 번 헹궈 사용해야 겉면의 밀가루가 나오지 않아 국물이 텁텁하지 않습니다.

• 들깻가루는 껍질째 갈은 것을 사용하면 국물 색이 어둡게 나와요. 껍질을 벗긴 들깻가루를 넣으면 국물색도 뽀얗고 식감도 부드럽습니다.

면과 채소가 익으면 들깻가루를 넣고 국간장으로 간을 해서 마무리한다.

# 당근찬밥수프

⏱ 조리 시간 **15분**

| 재료 | 2인분 |
|------|-------|
| 밥…3T | |
| 당근…1개 | |
| 양파…1/4개 | |
| 견과류…조금 | |
| 버터…1/2T | |
| 우유…1/2컵 | |
| 물…1컵 | |
| 소금…조금 | |

당근, 양파는 얇게 썰고 견과류는 굵게 부셔놓는다.

냄비에 분량의 버터를 두르고 **1**의 당근, 양파를 넣어 볶다가 물을 붓고 채소가 익도록 중약 불에서 끓인다.

**2**의 냄비에 분량의 밥을 넣고 한소끔 끓인 뒤 핸드블랜더로 갈아준다.

### 겨울딸기's Tip

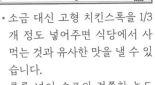
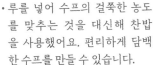

- 소금 대신 고형 치킨스톡을 1/3개 정도 넣어주면 식당에서 사먹는 것과 유사한 맛을 낼 수 있습니다.
- 루를 넣어 수프의 걸쭉한 농도를 맞추는 것을 대신해 찬밥을 사용했어요. 편리하게 담백한 수프를 만들 수 있습니다.

**3**의 냄비에 분량의 우유를 넣어 농도를 조절한 뒤 소금으로 간을 하고 견과류를 올려 완성한다.

# CHAPTER 6

# 푸짐하게 먹는 주말 요리

# 소고기버섯전골

⏱ 조리 시간 **15분**

## 재료 2인분

- 소고기(불고기용) ··· 100g
- 표고버섯 ··· 3개
- 느타리버섯 ··· 1팩
- 팽이버섯 ··· 1/2봉지
- 양송이버섯 ··· 3개
- 쌈배추 ··· 1/4포기
- 대파 ··· 1/2개
- 멸치육수 ··· 4컵
- 만능 양념장 ··· 1~2T
- 소금 ··· 조금

### 소고기 밑간

- 간장 ··· 1t
- 맛술 ··· 1t
- 후춧가루 ··· 조금

소고기는 분량의 밑간 재료로 간을 해두고, 쌈배추는 한입 크기로 썬다.

버섯류는 찢거나 편으로 썰어 준비한다.

전골냄비에 1의 쌈배추를 깔고 2의 버섯류를 올려준 다음 가운데에 1의 불고기와 만능 양념장을 올린다.

### 겨울딸기's Tip

- 냄비에 먼저 쌈배추를 한 층 깔 아두면 위에 올라가는 재료를 한층 더 볼륨감 있고 보기 좋게 돌려 담을 수 있어요.
- 만능 양념장 만드는 법은 21쪽을 참조하세요.

3의 냄비를 한소끔 끓여낸다. 부족한 간은 소금으로 조절한다.

# 대패삼겹살숙주볶음

조리 시간 **10분**

| 재료 | 2인분 |
|------|-------|
| 대패 삼겹살 ··· 200g | |
| 숙주 ··· 1줌(100g) | |
| 마늘 ··· 5개 | |
| 대파 ··· 1/3개 | |
| 굴소스 ··· 1/2T | |
| 허브솔트 ··· 조금 | |
| 식용유 ··· 조금 | |

대파는 한입 크기로 썰고 마늘은 얇게 편 썰고, 숙주는 씻어 물기를 빼서 준비한다.

팬을 달구어 기름을 두르고 **1**의 대파와 마늘을 먼저 넣어 볶으면서 향을 낸다.

**2**의 팬에 준비한 대패 삼겹살을 넣고 볶으면서 허브솔트를 뿌려 살짝 밑간을 한다.

삼겹살이 2/3 정도 익으면 숙주를 넣고 고기와 잘 섞이도록 볶은 다음 굴소스를 둘러 마무리한다.

## 겨울딸기's Tip

- 센 불에서 빠르게 볶아야 숙주가 너무 숨죽지 않고 적당히 익어요.
- 대패 삼겹살은 두께가 얇아 금방 익으므로 조리 시간이 짧아 좋아요.

# 제육콩나물볶음

⏱ 조리 시간 **15분**

| 재료 | 2인분 |
|---|---|
| 돼지고기(앞다리살) ··· 300g | |
| 콩나물 ··· 1줌(100g) | |
| 양파 ··· 1/2개 | |
| 대파 ··· 1/2개 | |
| 마늘 ··· 3알 | |
| 만능 양념장 ··· 4~5T | |
| 올리고당 ··· 1T | |
| 참기름 ··· 1T | |
| 통깨 ··· 조금 | |

**돼지고기 밑간**

맛술 ··· 1T

후춧가루 ··· 조금

**겨울딸기's Tip**

• 콩나물은 냄비에 물 1T을 넣고 뚜껑을 닫고 김이 오를 때까지 저수분으로 쪄도 좋아요.

• 처음부터 양념과 같이 볶으면 양념 때문에 고기의 속이 익기도 전에 겉면이 타버려요.

• 돼지고기를 맛술, 후춧가루로만 간을 한 뒤 300g씩 소분해 지퍼백이나 위생봉투에 담아 납작하게 펼쳐 냉동시켜두면 하나씩 꺼내어 만능 양념장에 볶아 뚝딱 제육볶음을 만들 수 있어요.

• 만능 양념장 만드는 법은 23쪽을 참조하세요.

콩나물은 씻어서 내열용기에 물 1T과 함께 넣고 전자레인지로 2분 정도 돌려 살짝 익힌다.

돼지고기는 분량의 맛술, 후춧가루로 밑간을 한다. 대파는 어슷하게 양파는 굵게 채 썰고 마늘은 굵게 으깬다.

팬을 달궈 기름을 두르고 **2**의 대파와 양파, 마늘을 먼저 볶다가 한쪽으로 민 뒤 돼지고기를 넣어 갈색이 되도록 볶은 뒤 만능 양념장을 넣는다.

**3**의 팬에 **1**의 살캉하게 익은 콩나물을 넣고 골고루 섞은 다음 올리고당, 참기름, 통깨를 넣어 마무리한다.

227

# 백순대볶음

조리 시간 **15분**

| 재료 | 2인분 |
|---|---|
| 순대 ··· 1팩(500g) | |
| 양파 ··· 1/2개 | |
| 대파 ··· 1/2개 | |
| 당근 ··· 1/5개 | |
| 양배추 ··· 1/8개 | |
| 청양고추 ··· 1개 | |
| 깻잎 ··· 20장 | |
| 들깻가루 ··· 2T | |
| 들기름 ··· 조금 | |
| 물 ··· 2~3T | |
| 식용유 ··· 적당량 | |

**초고추장**

| | |
|---|---|
| 고추장 ··· 2T | |
| 고춧가루 ··· 1t | |
| 다진 마늘 ··· 1t | |
| 식초 ··· 1T | |
| 간장 ··· 1t | |
| 올리고당 ··· 1T | |
| 들깻가루 ··· 2T | |

**겨울딸기's Tip**

• 순대볶음을 할 때는 옛날 순대
보다는 일반 당면이 들어간 찹
쌀 순대가 좋아요.

• 계속 뒤적이는 것보다 적당히
볶은 다음 물을 조금 넣고 뚜껑
을 닫아 익히면 태우지 않고 촉
촉하게 익힐 수 있어요.

• 간단하게 시판 초고추장에 들깻
가루만 넣어 소스를 만들어도 비
슷한 맛이 나요.

순대는 한입 크기로 썬다.

양파는 굵게 채 썰고, 당근은 얇게, 대파와 고추
는 어슷하게 썬다. 양배추와 깻잎은 한입 크기
로 썬다.

팬에 들기름과 식용유를 넉넉하게 두르고 깻잎
을 제외한 **2**의 채소를 넣고 가볍게 볶다가 한쪽
으로 밀고 **1**의 순대를 넣고 부서지지 않게 볶다
가 물 2~3T을 넣고 뚜껑을 닫고 2~3분 익힌다.

**3**의 팬에 깻잎을 넣고 들깻가루를 넣어 한번 더
버무린 뒤 분량의 재료를 섞어 만든 초고추장과
곁들여낸다.

# 닭봉간장조림

조리 시간 **25분**

## 재료　　　　　　　　2인분

닭봉 ··· 1팩(400g)

불린 당면 ··· 100g

감자 ··· 1개

당근 ··· 1/5개

시금치 ··· 조금

대파 ··· 1/3개

청양고추 ··· 2개

물 ··· 1컵

참기름 ··· 1T

통깨 ··· 조금

### 양념

간장 ··· 2T

굴소스 ··· 1T

생강술 ··· 1T

설탕 ··· 1T

올리고당 ··· 1+1/2T

다진 마늘 ··· 1T

후춧가루 ··· 조금

### 겨울딸기's Tip

· 3번 과정에서 끓여도 양념물이
 너무 많다면 뚜껑을 열고 센 불
 에서 수분을 날려주세요.
· 마지막에 넣는 당면은 건져 먹는
 맛도 있지만 남은 수분을 잡아주
 는 역할도 합니다. 당면 대신 떡
 볶이떡이나 가래떡을 넣어도 맛
 있어요.

닭봉은 지방을 떼어내고 칼집을 한두 군데 낸
뒤 끓는 물을 부어 잡내를 제거한다.

감자와 당근은 큼직하게, 대파와 청양고추는 굵
게 어슷 썰고 불린 당면과 시금치는 씻어둔다.

냄비에 **1**의 닭봉, **2**의 감자, 당근, 대파, 청양고
추를 넣고 분량의 재료로 만든 양념을 넣은 후
재료가 반쯤 잠길 정도로 물을 부어 뚜껑 닫고
중간 불에서 끓인다.

**3**의 재료가 거의 익으면 당면을 넣고 1분 정도
더 끓인 뒤 불을 끄고 시금치를 넣어 여열로 익
히면서 참기름과 통깨를 넣어 완성한다.

RECIPE 6

# 감자닭백숙

조리 시간 **30분**

| 재료 | 2인분 |
|---|---|
| 영계 … 1마리(500g) | |
| 감자 … 2개 | |
| 부추 … 1줌 | |
| 물 … 적당량 | |

### 향신 채소

| | |
|---|---|
| 통후추 … 1t | |
| 대파 … 1개 | |
| 생강술 … 1T | |
| 양파 … 1/2개 | |
| 마늘 … 3개 | |

### 겨자소스

| | |
|---|---|
| 간장 … 2T | |
| 식초 … 2T | |
| 연겨자 … 2t | |
| 고춧가루 … 1T | |
| 설탕 … 2T | |
| 깨소금 … 1T | |

### 겨울딸기's Tip

- 생닭은 삶기 전 볼에 담아 넉넉한 양의 뜨거운 물을 부어 2~3분 정도 두면 겉면의 기름기와 잡내가 제거되어 좋아요.
- 완성 그릇에 생부추를 그대로 담고 뜨거운 국물을 붓기만 해도 부추가 먹기 좋게 숨이 죽어요.
- 소스를 만들 때 겨자가 덩어리져 있다면 알갱이가 있는 설탕과 먼저 짓이긴 다음 다른 양념과 섞으면 쉽게 풀어져요.
- 생강술 만드는 법은 24쪽을 참조하세요.

냄비에 생닭 몸통이 잠길 만큼의 물을 붓고 분량의 향신 채소를 넣은 뒤 뚜껑을 닫고 중강 불에서 끓이다 끓기 시작하면 중약 불로 줄여 10분 정도 더 삶아준다.

감자는 큼직하게 반으로 자르고 부추는 길게 7cm 길이로 썬다. 곁들일 겨자소스를 분량의 재료로 만들어둔다.

1의 닭에 2의 감자를 넣고 감자가 뭉근하게 익을 때까지 끓인다.

3의 국물에 2의 부추를 넣고 숨을 죽인다. 닭은 꺼내 찢어서 그릇에 감자와 함께 담고 국물을 자박하게 부어준다. 겨자소스와 곁들여낸다.

# 홍합탕

🕐 조리 시간 **15분**

| 재료 | 2인분 |
|---|---|
| 생홍합 … 1팩(1kg) | |
| 대파 … 1/2개 | |
| 청양고추 … 1개 | |
| 홍고추 … 1개 | |
| 마늘 … 4개 | |
| 물 … 6컵 | |
| 소금 … 조금 | |
| 후춧가루 … 조금 | |

홍합은 겉면의 보이는 수염은 가위로 잘라낸 다음 찬물에 헹궈 물기를 뺀다.

고추와 대파는 굵게 어슷하게 썰고 마늘은 굵게 으깬다.

큼직한 냄비에 1의 홍합, 2의 고추, 대파, 마늘, 분량의 물을 넣고 끓인다.

3의 국물이 끓기 시작하면 소금으로 간을 한 후 후춧가루를 뿌려 완성한다.

겨울딸기's Tip

홍합 자체의 간이 있어 따로 소금을 꼭 넣진 않아도 됩니다. 국물 맛을 보고 소금 양을 조절하세요.

# 해물볶음우동

⏱ 조리 시간 **10분**

| 재료 | 1인분 |
|---|---|
| 우동면 … 1봉지 | |
| 오징어 … 1/3마리 | |
| 칵테일새우 … 5개 | |
| 자투리 채소(당근, 양파, 양배추 잎, 대파) … 적당량 | |
| 마늘 … 2개 | |
| 참기름 … 1T | |
| 통깨 … 조금 | |

**양념**

| | |
|---|---|
| 만능 양념장 … 1T | |
| 굴소스 … 1t | |
| 케첩 … 1T | |
| 맛술 … 1T | |

### 겨울딸기's Tip

- 시판 냉동 모둠 해산물을 이용하면 편리해요.
- 요리에 편리하게 사용하는 냉동 새우는 자숙 새우와 생새우 두 종류가 있어요. 자숙 새우를 사용할 경우는 해동된 상태로 살짝만 기름 코팅하듯 익히면 되지만 생새우는 볶거나 조리면서 잘 익혀야 합니다.
- 오징어에 뜨거운 물을 한번 끼얹어 사용하면 볶을 때 물이 덜 생겨요.

우동면은 끓는 물에 넣고 풀어지면 찬물에 헹궈 물기를 빼고, 오징어는 한입 크기로 썰어 준비한다.

자투리 채소는 한입 크기로 썰고, 분량의 재료를 섞어 양념을 만들어둔다.

달군 팬에 기름을 두르고 **2**의 채소에 소금 한두 꼬집을 넣어 볶다가 한쪽으로 민 뒤 오징어와 칵테일새우도 넣어 볶는다.

오징어와 새우가 익으면 우동면과 양념을 넣어 버무리고 참기름과 통깨를 뿌려 완성한다.

# 해물파전

⏱ 조리 시간 **15분**

| 재료 | 2인분 |
|---|---|
| 오징어 … 1/2마리 | |
| 칵테일새우 … 10개 | |
| 쪽파 … 10줄기 | |
| 홍고추 … 1/2개 | |
| 달걀 … 1개 | |
| 부침가루 … 2/3컵 | |
| 맛술 … 1T | |
| 물 … 2/3컵 | |

볼에 분량의 부침가루와 물, 달걀, 맛술을 넣고 섞어 반죽을 만든다.

오징어와 새우는 한입 크기, 쪽파는 5cm 길이, 홍고추는 모양을 살려 송송 썬다.

1의 반죽에 2의 재료를 넣고 섞어준다.

## 겨울딸기's Tip

• 도톰하게 전을 부치는 경우 처음부터 기름을 넉넉히 두르고 반죽물을 올린 후 '촤~' 소리가 나면 불을 줄여 중약 불에서 구워야 겉은 바삭하면서 속이 잘 익습니다.

• 새우가 통통하면 반으로 포를 떠 넣으면 모양도 살고 잘 익어요.

팬을 달궈 기름을 두르고 한 국자씩 부어 앞뒤로 노릇하게 구워낸다.

# 간단부대찌개

🕑 조리 시간 **15분**

| 재료 | 2인분 |
|---|---|
| 통조림 햄 … 1/2통(100g) | |
| 비엔나소시지 … 10개 | |
| 다진 김치 … 1컵 | |
| 두부 … 1/2모 | |
| 콩나물 … 1줌(100g) | |
| 라면사리 … 1/4개 | |
| 대파 … 1/2개 | |
| 소고기 소보로 … 1개 | |
| 슬라이스 치즈 … 1장 | |
| 시판 사골육수 … 1팩(500g) | |
| 만능 양념장 … 1T | |

햄은 납작하게 썰고 소시지는 0.5cm 두께로 어슷하게 썰어 체에 밭쳐 뜨거운 물을 끼얹어 기름기를 제거한다.

김치는 굵게 다지듯 썰고 두부는 도톰하게 대파는 어슷하게 한입 크기로 썬다.

사골육수, 라면사리, 소고기 소보로, 슬라이스 치즈, 만능 양념장을 준비한다.

## 겨울딸기's Tip

- 치즈는 다 끓인 후 넣어도 됩니다.
- 소고기 소보로 만드는 법은 22쪽을 참조하세요.
- 냄비에 사골국물이 다 차지 않으면 물을 적당히 섞어 재료가 참방하게 잠길 정도로 양을 맞춰주세요.
- 멸치육수를 넣지 않고 물을 섞어도 다양한 재료에서 나오는 국물로 맛을 충분히 낼 수 있습니다.
- 만능 양념장 만드는 법은 21쪽을 참조하세요.

넓찍한 전골 팬에 씻어둔 콩나물을 깔고 준비한 **1**, **2**, **3**의 모든 재료를 가지런히 담은 다음 만능 양념장을 올리고 한소끔 끓여 완성한다.

# 매운어묵탕

⏱ 조리 시간 **10분**

| 재료 | 2인분 |
|------|-------|
| 납작 어묵 … 200g | |
| 멸치육수 … 3컵 | |
| 대파 … 1/2개 | |
| 만능 양념장 … 2T | |
| 소금 … 조금 | |

납작 어묵은 1장씩 반으로 접어 나무 꼬치에 꽂고, 대파는 0.5cm 두께로 송송 썬다.

냄비에 분량의 멸치육수와 만능 양념장을 넣어 국물을 만들어 중간 불에서 끓인다.

2의 국물이 끓기 시작하면 1의 어묵을 넣어준다.

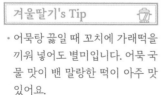

### 겨울딸기's Tip

- 어묵탕 끓일 때 꼬치에 가래떡을 끼워 넣어도 별미입니다. 어묵 국물 맛이 밴 말랑한 떡이 아주 맛있어요.
- 어묵 겉면의 기름기는 뜨거운 물을 끼얹어 걷어내고 사용하세요.
- 편수냄비 같은 좁고 깊은 냄비를 사용하면 꼬치를 꽂은 어묵이 완전히 잠기게 끓일 수 있어요.
- 만능 양념장 만드는 법은 21쪽을 참조하세요.

한소끔 끓으면 1의 대파를 넣고 부족한 간은 소금으로 조절한다.

# 쟁반비빔국수

🕐 조리 시간 **20분**

| 재료 | 2인분 |
|---|---|
| 소면 ··· 200g | |
| 오이 ··· 1/2개 | |
| 양파 ··· 1/4개 | |
| 양배추 ··· 1/6개 | |
| 상추 ··· 5장 | |
| 깻잎 ··· 10장 | |
| 참기름 ··· 1T | |

**비빔장**

| | |
|---|---|
| 고추장 ··· 3T | |
| 고춧가루 ··· 1t | |
| 간장 ··· 1t | |
| 매실액 ··· 1T | |
| 올리고당 ··· 1T | |
| 식초 ··· 1T | |
| 설탕 ··· 1/2T | |
| 깨소금 ··· 1T | |

양배추, 오이, 양파, 깻잎, 상추는 모두 얇게 채 썰어 준비한다.

끓는 물에 소면을 넣고 끓어오르면 찬물을 넣는 것을 2회 정도 반복하여 삶아낸 다음 찬물에 헹 구어 물기를 뺀다. 분량의 양념으로 비빔장을 만들어준다

볼에 **1**의 채소와 **2**의 소면에 비빔장을 넣어 비 비거나 곁들여 완성한다. 마지막에 참기름을 넣어 고소한 맛을 더해준다.

## 겨울딸기's Tip

• 채소는 채 썰어 찬물에 한번 담갔 다 채소 탈수기를 이용해 물기를 빼서 사용하면 아삭거림이 배가 됩니다.

• 면을 삶을 때는 가급적 큰 냄비 를 이용하세요. 중간에 붓는 찬 물은 거품이 가라앉을 정도만 넣 으면 충분해요. 많이 부으면 물 온도가 내려가서 면이 더디게 익 어요.

• 소면의 물기를 잘 빼야 비빔장을 넣었을 때 묽어지지 않습니다.

245

# CHAPTER 7

# 단골 재료 신김치 활용 요리

# 김치등갈비찜

⏱ 조리시간 **25분**

| 재료 | 2~3인분 |
|------|---------|
| 등갈비 … 600g | |
| 김치 … 1/2포기 | |
| 대파 … 1개 | |
| 편생강 … 2쪽 | |
| 멸치육수 … 2컵 | |
| 김칫국물 … 1컵 | |
| 생강술 … 1T | |
| 고춧가루 … 2T | |
| 다진 마늘 … 1T | |
| 후춧가루 … 조금 | |

냄비에 등갈비를 넣고 자박하게 잠길 만큼 물을 붓고 끓인 뒤 건져 찬물에 헹궈둔다. 대파는 큼직하게 어슷 썬다.

깊이가 있는 냄비에 **1**의 데쳐낸 등갈비와 속을 털어낸 김치, 분량의 고춧가루를 넣어준다.

**2**의 냄비에 대파와 편생강, 다진 마늘, 생강술을 넣고 준비한 김칫국물과 멸치육수를 넣는다.

푹 한번 끓인 뒤 (압력솥을 사용한 경우 추가 움직이기 시작하면) 약한 불로 줄여 10분 정도 더 끓여 완성한다.

## 겨울딸기's Tip

• 등갈비를 물에 한번 끓여주면 핏물과 잡내가 빠집니다. 이때 완전히 익히는 게 아니므로 물이 끓어오르면 바로 끄고 찬물로 헹궈내세요.

• 김치는 그대로 넣어도 좋지만 속을 한번 털어서 넣으면 음식이 더 깔끔해져요.

• 가능하다면 일반 냄비보다는 압력솥을 이용하는 것을 권합니다. 김치와 고기 육질이 더 부드럽게 조리됩니다.

# 김치콩나물국

⏱ 조리시간 **15분**

신김치

| 재료 | 2~3인분 |
|---|---|
| 김치 … 1/5포기 | |
| 콩나물 … 1줌(100g) | |
| 대파 … 1/4개 | |
| 멸치육수 … 4컵 | |
| 국간장 … 1T | |
| 다진 마늘 … 1T | |
| 소금 … 조금 | |

김치는 속을 털어내고 한입 크기로 썰고 대파는
어슷하게 썰어 준비한다.

냄비에 분량의 멸치육수와 1의 김치를 넣고 끓
인다.

2의 국물이 끓어오르면 콩나물을 넣고 한소끔
더 끓인다.

### 겨울딸기's Tip

• 특히 국은 잘 익은 김치로 끓여야
  맛있어요.
• 청양고추를 썰어 넣으면 칼칼한
  맛이 나서 좋습니다.
• 멸치육수에 김치를 헹군 뒤 그 멸
  치육수를 체에 밭쳐 사용하면 깔
  끔하면서도 감칠맛 나는 국물
  을 끓일 수 있어요.

국간장으로 3의 국물 간을 맞추고 1의 썰어둔
대파를 넣은 뒤 부족한 간은 소금으로 조절한다.

# 돼지고기김치찌개

⏱ 조리시간 **20분**

| 재료 | 2~3인분 |
|------|---------|
| 돼지고기(목살, 삼겹살) … 150g | |
| 김치 … 1/3포기 | |
| 두부 … 1/2모 | |
| 대파 … 1/2개 | |
| 다진 마늘 … 2T | |
| 고춧가루 … 1T | |
| 멸치육수 … 3컵 | |
| 액젓 … 1T | |
| 식용유 … 조금 | |

**돼지고기 밑간**

맛술 … 1t

후춧가루 … 조금

목살은 도톰하게 썰어 분량의 맛술과 후춧가루로 밑간해둔다. 김치와 두부는 큼직하게, 대파는 어슷하게 썬다.

냄비를 달궈 기름을 조금 두르고 **1**의 목살과 다진 마늘을 넣고 볶다가 **1**의 썰어둔 김치와 고춧가루를 넣고 볶는다.

**2**의 냄비에 멸치육수를 넣고 끓이기 시작한다.

### 겨울딸기's Tip

- 김치찌개용 재료는 큼직하게 썰어야 먹음직스럽습니다.
- 과정 **2**에서 김치는 돼지고기와 어우러지면서 숨이 살짝 죽는 정도로만 가볍게 볶아주면 충분해요.
- 찌개에 소금이나 국간장 대신 액젓으로 간을 맞추면 더 깊은 맛이 납니다.

**3**의 국물이 끓기 시작하면 약한 불로 줄여 10분 정도 뭉근하게 끓인 뒤 **1**의 두부와 대파를 넣고 액젓으로 간을 하여 마무리한다.

# 총각김치볶음밥

ⓧ 조리시간 **10분**

| 재료 | 1인분 |
|------|-------|
| 밥 … 1공기 | |
| 총각김치 … 4쪽 | |
| 대파 … 1/3개 | |
| 김칫국물 … 1~2T | |
| 참기름 … 1T | |
| 통깨 … 1t | |
| 소금 … 조금 | |
| 후춧가루 … 조금 | |
| 식용유 … 조금 | |

총각김치와 대파는 모양대로 얇게 송송 썰어
준다.

팬을 달궈 기름을 두르고 **1**의 대파를 넣고 볶다
가 향이 나면 총각김치도 넣고 볶는다.

**2**에 밥과 김칫국물을 1~2T 넣고 볶는다.

### 겨울딸기's Tip

• 볶음밥에 김칫국물을 넣으면 간
도 맞춰주고 빨간 색감도 더해
줘서 좋아요.
• 볶음밥에 어울리는 달걀 프라
이 만들기: 옴폭한 팬을 달궈 기
름을 2T 정도 넉넉히 넣은 후 달
걀을 깨트려 넣고 '촤~' 소리가 나
면서 흰자 가장자리부터 익기 시
작하면 아주 약한 불로 줄여 냄
비 뚜껑을 닫고 1분 내외로 익
혀보세요. 흰자는 바싹, 노른자
는 겉면의 막만 살짝 익혀 비벼 먹
기 딱 좋은 프라이가 됩니다.

**3**의 밥에 김칫국물이 골고루 배면 모자라는 간
을 소금으로 조절하고 후춧가루, 참기름, 통깨
를 뿌려 완성한다.

# 김치콩나물볶음밥

🕐 조리시간 **10분**

| 재료 | 1인분 |
|---|---|
| 밥 … 1공기 | |
| 썬 김치 … 1컵 | |
| 콩나물 … 1/2줌(50g) | |
| 대파 … 1/3개 | |
| 만능 양념장 … 1/2T | |
| 참기름 … 1T | |
| 통깨 … 1t | |
| 식용유 … 조금 | |

김치는 속을 털어내어 송송 썰고, 콩나물은 물 1큰술과 함께 전자레인지에 2분 정도 돌려 살짝 데쳐둔다.

팬을 달궈 기름을 두르고 썬 대파와 **1**의 김치를 넣고 달달 볶다가 공기밥을 넣어 풀어가며 볶는다.

**2**의 김치와 밥이 어우러지면 **1**의 살캉하게 익힌 콩나물을 넣어 섞어준다.

**3**의 밥에 만능 양념장을 넣고 모든 재료가 골고루 섞이게 볶은 다음 참기름과 통깨를 넣어 완성한다.

### 겨울딸기's Tip

- 김치를 잘게 썰어야 숟가락으로 먹을 때 밥이랑 따로 놀지 않아요.
- 김치를 충분히 볶아야 볶음밥이 더 맛있습니다.
- 고깃집에서 나오는 것처럼 마지막에 김가루를 넣어 섞은 뒤 납작하게 눌러 내어도 별미입니다.
- 만능 양념장 만드는 법은 21쪽을 참조하세요.

# 김치감자수제비

🕐 조리시간 **15분**

| 재료 | 2인분 |
|---|---|
| 김치 … 1/6포기 | |
| 감자 … 1개 | |
| 대파 … 조금 | |
| 멸치육수 … 5컵 | |
| 국간장 … 2t | |
| 소금 … 조금 | |

**수제비 반죽**

| | |
|---|---|
| 밀가루(중력분) … 2컵 | |
| 물 … 2/3컵 | |
| 식용유 … 1t | |
| 소금 … 조금 | |

분량의 재료를 모두 섞어 잘 치댄 수제비 반죽은 냉장실에서 30분 정도 숙성시킨다.

김치는 속을 털어 송송 썰고 감자는 0.5cm 두께로 큼직하게 썬다.

분량의 멸치육수에 **2**의 감자와 김치를 넣고 한소끔 끓인다.

**3**의 국물이 끓고 감자가 거의 다 익었을 때 **1**의 숙성시킨 수제비 반죽을 작게 떼어 넣고 수제비가 익으면 간은 국간장과 소금으로 맞춘다. 송송 썬 대파를 넣어 마무리한다.

겨울딸기's Tip

• 반죽은 치대서 바로 넣는 것보다 냉장 숙성시켜주면 반죽이 훨씬 더 쫄깃해져서 맛있어요.
• 수제비 반죽은 최대한 얇게 떠야 식감도 좋고 빨리 익어요.

신김치

# 김치낙지죽

🕐 조리시간 **10분**

| 재료 | 1인분 |
|---|---|
| 다진 김치 … 1/2컵 | |
| 썬 낙지 … 2/3컵 | |
| 찹쌀밥 … 1덩이(150g) | |
| 멸치육수 … 2컵 | |
| 부추 … 조금 | |
| 국간장 … 조금 | |
| 들기름 … 조금 | |

김치는 잘게 썰고 낙지는 한입 크기로 자른다.

냄비를 달궈 들기름을 두르고 1의 김치를 볶는다.

2의 냄비에 분량의 찹쌀밥과 멸치육수를 넣고 한소끔 끓인다.

## 겨울딸기's Tip

- 냉동 절단 낙지를 필요한 양만큼 소분해서 사용하면 별도의 손질 없이 편리하게 사용할 수 있습니다.
- 김치 자체의 염도에 따라 국간장은 생략 가능합니다.
- 부추 대신 쪽파를 올려도 어울립니다.

3의 밥이 풀어지면서 끓으면 낙지를 넣어 1분 정도 더 끓여 익힌 뒤 부추를 고명으로 올려 완성한다. 간이 모자라면 국간장을 넣어 맞춘다.

# 김치숙주전

🕐 조리시간 **10분**

| 재료 | 2~3인분 |
|---|---|
| 김치 ··· 1/4포기 | |
| 숙주 ··· 1줌(100g) | |
| 부침가루 ··· 1컵 | |
| 물 ··· 1컵 | |

잘 익은 김치는 속을 털어내어 한입 크기로 썰고, 숙주는 1cm 길이로 송송 썬다.

부침가루와 물은 1컵씩 동량으로 섞어 준비한다.

2의 반죽에 1의 김치와 숙주를 섞는다.

### 겨울딸기's Tip

- 먹음직스런 빨간색의 김치전을 부치려면 반죽에 고춧가루를 1T 정도 넣어보세요.
- 숙주 대신 팽이버섯을 썰어 넣어도 맛있어요.
- 김치전에 숙주를 썰어 넣으면 염도도 줄고 아삭한 씹는 맛도 더해져 좋습니다.

달군 팬에 기름을 두르고 앞뒤로 잘 부친다.

# 김치햄볶음

조리시간 **10분**

## 재료 2~3인분

| | |
|---|---|
| 김치 ··· 1/4포기(200g) | |
| 통조림 햄 ··· 1/2통(100g) | |
| 고춧가루 ··· 1T | |
| 대파 ··· 1/4개 | |
| 김칫국물 ··· 3T | |
| 올리고당 ··· 1T | |
| 참기름 ··· 1t | |
| 통깨 ··· 1t | |
| 식용유 ··· 조금 | |

김치는 속을 털어 잘게 썰고, 통조림 햄은 작은 주사위 모양으로, 대파는 모양 살려 얇게 송송 썰어준다.

팬을 달궈 기름을 두르고 **1**의 대파를 먼저 넣어 향을 낸 뒤 통조림 햄을 넣고 노릇하게 볶는다.

**2**의 팬에 **1**의 썰어둔 김치를 넣고 볶다가 김칫국물을 넣어 졸이듯 볶는다.

### 겨울딸기's Tip

• 볶음밥 같은 음식을 만들 때 미리 송송 썰어 얼려둔 냉동 대파를 꺼내 사용하면 조리 시간을 한결 줄일 수 있어요.
• 햄부터 먼저 볶으면 햄 겉면이 노릇해져서 식감이 더 좋아져요.
• 햄을 더 잘게 썰어 김치와 볶으면 주먹밥 안에 넣는 소로 활용할 수도 있습니다.

**3**의 김칫국물이 졸아들면 올리고당으로 단맛과 윤기를 내고 참기름과 통깨를 뿌려 완성한다.

# 총각김치멸치지짐

조리시간 **15분**

| 재료 | 2~3인분 |
|---|---|
| 총각김치 ··· 200g | |
| 손질한 국물용 멸치 ··· 2/3컵 | |
| 된장 ··· 1T | |
| 설탕 ··· 1t | |
| 물 ··· 1컵 | |
| 들기름 ··· 1T | |
| 통깨 ··· 조금 | |

총각김치는 양념을 씻지 않은 채로 적당한 길이로 썰어 준비하고, 멸치는 살만 발라 전자레인지에 넣고 1분 정도 돌려둔다.

달군 냄비에 들기름을 두르고 **1**의 총각김치를 볶다가 멸치를 넣는다.

**2**의 냄비에 분량의 물을 자박하게 붓고 된장과 설탕을 넣고 뚜껑을 닫아 중강 불에서 끓이기 시작한다.

### 겨울딸기's Tip 🗑

- 완전 시어버린 총각김치로 만들면 오히려 더 맛있습니다.
- 이 음식은 뭉근히 지져야 맛있어요. 끓기 시작하면 중약 불로 낮춰 뚜껑을 닫고 졸여줍니다. 설탕을 넣으면 신맛도 줄어들고 조미료처럼 감칠맛도 내줍니다.
- 멸치살이 들어가는 요리는 멸치육수를 사용할 필요 없이 물을 넣어 조리하면 됩니다.

국물이 3~4T 정도 남았을 때 불을 끄고 통깨를 뿌려 마무리한다.

# 묵은지들기름볶음

🕐 조리시간 **5분**

| 재료 | 2~3인분 |
|---|---|
| 묵은지 ··· 1/4쪽 | |
| 쪽파 ··· 조금 | |
| 들기름 ··· 1+1/2T | |
| 통깨 ··· 조금 | |

묵은지는 속을 털어내고 양념을 헹군 뒤 길쭉길
쭉하게 썰고 쪽파는 송송 다져둔다.

팬을 달궈 들기름을 두르고 **1**의 묵은지를 가볍
게 볶다가 쪽파와 통깨를 뿌려 완성한다.

### 겨울딸기's Tip

묵은지를 볶을 때는 들기름이 묵은
지에 충분히 코팅될 정도로 2~3분
만 가볍게 볶으면 됩니다.

269

# 김장무무침

⏱ 조리시간 **5분**

| 재료 | 2~3인분 |
|------|---------|
| 김장 조각무 ··· 2개 | |
| 고춧가루 ··· 1/2T | |
| 다진 파 ··· 1T | |
| 다진 마늘 ··· 1t | |
| 설탕 ··· 1t | |
| 참기름 ··· 1T | |
| 통깨 ··· 조금 | |

김장 김치 속의 큼직한 무를 꺼내 겉면의 양념은 헹궈 가늘게 채 썰어준다.

**1**의 채 썬 무에 분량의 고춧가루, 다진 파, 다진 마늘, 설탕을 넣어 무치다가 참기름, 통깨를 넣어 마무리한다.

### 겨울딸기's Tip

김장김치 속의 무는 김치 양념이 깊게 배어있어 그냥 먹어도 맛있지만 얇게 채 썰어 무쳐내면 맛깔나는 별미 반찬이 됩니다.

# CHAPTER 8

# 두고 먹는 보관 요리

# 황태미역국

⏱ 조리 시간 **20분** | 🌡 냉동 보관 **1개월**

| 재료 | 2~3인분 |
|---|---|
| 마른미역 | ⋯20g |
| 황태채 | ⋯50g |
| 마늘 | ⋯3개 |
| 물 | ⋯4컵 |
| 멸치육수 | ⋯4컵 |
| 참기름 | ⋯1T |
| 국간장 | ⋯1T |
| 소금 | ⋯1T |

미역과 황태는 각각 찬물에 담가 불려 헹군 뒤 물기를 짜고 마늘은 굵게 으깬다.

달군 냄비에 참기름을 두르고 **1**의 으깬 마늘을 넣고 볶다가 향이 올라오면 **1**의 황태를 넣어 볶는다.

**2**에 미역을 넣어 볶다가 육수를 넣어준다.

한소끔 끓으면 약한 불로 줄여 10분 정도 뭉근하게 끓인 다음 국간장과 소금으로 간을 한다.

## 겨울딸기's Tip

• 가느다란 미역이라도 불리면 크기가 커져요. 불린 미역의 물기를 짠 뒤 칼로 몇 번 썰어 사용해야 먹기 편해요.

• 황태에서 육수가 우러나므로 감칠맛을 더해주는 멸치육수는 물과 1:1 비율로 희석해서 사용해도 충분합니다.

• 미역국은 오래 끓여야 맛있답니다. 푹 끓인 미역국은 식혀서 1회분씩 소분해 냉동해두었다 볶음밥 같은 한그릇 요리를 먹을 때 곁들이면 별다른 반찬 없이 맛있게 먹을 수 있어요. 보관법은 37쪽을 참조하세요.

# 얼갈이된장국

🕐 조리 시간 **15분** | 🌡️ 냉동 보관 **1개월**

| 재료 | 2~3인분 |
| --- | --- |
| 데친 얼갈이 ··· 1줌(100g) | |
| 두부 ··· 50g | |
| 대파 ··· 1/4개 | |
| 홍고추 ··· 1/3개 | |
| 멸치육수 ··· 5컵 | |

**양념**

| 된장 ··· 1+1/2T | |
| --- | --- |
| 국간장 ··· 1t | |

데친 얼갈이는 2~3cm 길이로 먹기 좋게 썬다.

두부는 깍둑 썰기 하고 대파와 홍고추는 모양 살려 썬다.

멸치육수가 끓으면 된장을 체에 밭쳐 풀고 **1**의 얼갈이를 넣고 한소끔 끓인다.

### 겨울딸기's Tip

- 얼갈이는 끓는 물에 5분 정도 삶은 뒤 그 물이 식을 때까지 가만히 두면 적당히 부드럽게 데쳐집니다.
- 쓰고 남은 데친 얼갈이는 지퍼백에 얼갈이가 물에 자박하게 잠기게끔 넣고 냉동해두면 맑은 된장국을 끓일 때 건더기로 넣기 좋아요. 자세한 방법은 36쪽을 참조하세요.

다시 끓기 시작하면 두부와 대파, 홍고추를 넣고 모자라는 간은 국간장을 넣어 완성한다.

# 파김치

🕐 조리 시간 **10분** | 🌡 냉장 보관 **20일**

## 재료

쪽파 … 400g

액젓 … 6T

**양념**

고춧가루 … 1/2컵

찹쌀풀 … 3T

매실액 … 3T

깨소금 … 3T

### 겨울딸기's Tip

- 긴 쪽파는 반으로 잘라서 쓰면 양념 버무리기도 쉽고 꺼내 먹을 때도 편리해요.
- 쪽파의 뿌리 부분이 너무 굵을 경우 흰 부분 가운데 칼집을 길게 넣어주면 양념도 잘 배고 먹기도 편합니다.
- 꼭 먹을 만큼 덜어내고 나머지 김치는 꾹꾹 눌러 보관해야 양념이 들뜨지 않아 맛을 좀 더 오래 보존할 수 있어요.

쪽파는 깨끗이 씻어 물기를 빼고 2등분한 뒤 분량의 액젓을 골고루 뿌려 30분 정도 재어둔다.

1의 쪽파를 절인 액젓을 따라내고 그 액젓에 분량의 양념 재료를 넣고 잘 섞어둔다.

1의 절인 쪽파에 2의 양념을 넣어준다.

쪽파에 양념이 고루 묻도록 잘 버무려 완성한다.

# 황태채무침

⏱ 조리 시간 **10분** | 🌡 냉장 보관 **15일**

## 재료

황태채 ··· 100g
통깨 ··· 1T

### 양념

고춧가루 ··· 1T
고추장 ··· 3T
다진 마늘 ··· 1T
간장 ··· 1T
매실액 ··· 2T
올리고당 ··· 3T
생강술 ··· 1T
포도씨유 ··· 1T

황태채는 가늘게 찢거나 가위로 한입 크기로 자른 뒤 물에 한번 담갔다가 물기를 짠다.

분량의 재료를 섞어 양념을 만든 다음 팬에 넣고 기포가 생길 때까지 끓인 후 완전히 식힌다.

**1**의 황태채에 **2**의 식힌 양념을 넣어준다.

### 겨울딸기's Tip

• 불린 황태채는 물기를 잘 짠 뒤 사용해야 양념이 걸돌지 않고 간도 싱거워지지 않아요.
• 북어채로 무쳐도 괜찮습니다.
• 보관 시 공기가 덜 들어가도록 꼭 눌러 보관합니다. 먹기 전 참기름 한두 방울을 넣어 조물거려 내면 훨씬 맛있어요.
• 죽을 먹을 때 즉석 동치미와 같이 곁들이기 좋은 저장 반찬입니다.

양념이 고루 묻도록 황태채를 잘 버무린 뒤 통깨를 뿌려 완성한다.

# 소고기고추장볶음

⏱ 조리 시간 **10분** | 🌡 냉장 보관 **20일**

## 재료

다진 소고기 … 100g

양파 … 1/2개

고추장 … 1컵

간장 … 1T

배즙 … 1/2컵

참기름 … 조금

다진 마늘 … 1T

통깨 … 조금

**소고기 밑간**

맛술 … 1T

후춧가루 … 조금

다진 소고기에 분량의 밑간 재료를 넣어 조물거려 밑간을 해두고, 양파와 마늘은 잘게 다져준다.

팬에 참기름을 두른 뒤 **1**의 양파를 먼저 넣고 숨이 죽도록 볶다가 **1**의 밑간한 고기를 넣어 볶는다.

볶은 고기에 분량의 고추장, 간장, 배즙, 다진 마늘을 넣고 골고루 섞이도록 잘 저어 볶아준다.

기포가 올라오기 시작하면 불을 끄고 통깨를 넣어 마무리한다.

### 겨울딸기's Tip

• 냉동된 다진 소고기를 사용할 경우는 해동 후 꼭 키친타월에 넓게 펼쳐 핏물을 뺀 뒤 사용하세요. 냉동실에 들어갔다 나온 고기는 핏물이 더 많이 생깁니다.

• 다진 소고기를 준비하는 대신 볶아 얼려둔 소고기 소보루를 넣어 만들어도 좋아요. 만드는 법은 22쪽을 참조하세요.

# 견과류쌈장

| ⏱ 조리 시간 **5분** | 🌡 냉장 보관 **7일** |

## 재료

견과류(호두, 아몬드, 해바라기
씨, 호박씨 등) … 1/3컵

된장 … 3T

고추장 … 1T

고춧가루 … 1t

매실액 … 1T

올리고당 … 1T

다진 마늘 … 1T

준비한 견과류는 마른 팬에 가볍게 볶은 다음
굵게 다진다.

분량의 모든 재료를 섞어 적당한 쌈장 농도를
맞춘 뒤 **1**의 다진 견과류를 넣고 잘 섞는다.

### 겨울딸기's Tip

• 쌈장만 만들어 두었다가 먹을 때
마다 견과류를 넣어 섞는 것도
좋아요. 견과류는 굵게 다져 넣
어야 오독오독 씹히는 맛이 더
살아나요.

• 견과류가 들어간 쌈장은 참기름
을 넣지 않아도 고소한 맛이 나고
씹히는 맛이 좋습니다. 고기 없
이 상추나 깻잎에 쌈장만 올려 싸
먹어도 맛있습니다.

# 달래양념장

⏱ 조리 시간 **5분** | 🌡 냉장 보관 **7일**

## 재료

달래 … 1/2묶음

간장 … 3T

국간장 … 1T

매실액 … 1T

맛술 … 1T

고춧가루 … 1/2T

통깨 … 1T

참기름 … 1T

달래는 흐르는 물에 깨끗이 씻어 2cm 길이로 썰어준다.

볼에 준비한 나머지 재료와 1의 달래를 넣고 잘 섞어준다.

---

## 겨울딸기's Tip

- 달래의 뿌리 부분은 칼집을 내거나 칼등으로 눌러 음식에 넣으면 향이 더 진하게 우러납니다.
- 만들고 나면 양념장 양에 비해 달래가 많아 뻑뻑하게 느껴질 수도 있지만 달래가 숨이 죽으면 밥과 비벼먹기 좋은 농도가 됩니다.

외식과 배달음식에 지친 당신을 위한 현실 집밥 108

하루 5,000원
— 집밥 만능 —
레시피북

**초판 6쇄 발행** 2023년 1월 31일
**초판 1쇄 발행** 2020년 7월 7일

**지은이** 강지현
**발행인** 손은진
**개발** 김민정
**제작** 이성재 장병미
**디자인** design BIGWAVE
**사진** 이종수
**요리 어시스트** 김혜란 박진숙 편경숙 황윤옥
**도구협찬** 마미스테이블(mommystable.com)
　　　　　 타파웨어(tupperware.co.kr)

**발행처** 메가스터디(주)
**출판등록** 제2015-000159호
**주소** 서울시 서초구 효령로 304 국제전자센터 24층
**전화** 1611-5431 **팩스** 02-6984-6999
**홈페이지** http://www.megastudybooks.com
**출간제안/원고투고** writer@megastudy.net
**ISBN** 979-11-297-0645-4 13590

**메가스터디BOOKS**는 메가스터디㈜의 출판 전문 브랜드입니다.
유아/초등 학습서, 중고등 수능/내신 참고서는 물론,
지식, 교양, 인문 분야에서 다양한 도서를 출간하고 있습니다.